U0500742

"十二五"职业教育国家规划教材

经全国职业教育教材审定委员会审定

照明线路安装与检修

ZHAOMING XIANLU ANZHUANG YU JIANXIU

电气设备运行与控制专业

（第 2 版）

主　编　林如军

副主编　陈　浙　王仲斌

高等教育出版社·北京

内容简介

本书是"十二五"职业教育国家规划教材《照明线路安装与检修》的第 2 版,依据教育部《中等职业学校电气运行与控制专业教学标准》,并参照了有关的国家职业技能标准和行业职业技能鉴定规范,结合目前中等职业学校的教学实际情况编写而成。 本书也是经人力资源和社会保障部职业技能鉴定中心认定的职业院校"双证书"课题实验教材。

本书以实际的家庭照明线路安装为出发点,采用"项目式教学"的编写理念,突出"做中学,做中教",强调从实践中学习理论知识,再用理论知识指导实际工作。 内容通俗易懂,图文并茂,起点低,可操作性强,并有很强的实用性。 全书共分 4 个单元,第 1 单元为走进照明,主要介绍照明领域的概况及其发展;第 2 单元为电工作业基本常识,主要介绍安全用电常识、常用电工仪器仪表和电工工具的使用方法,为后面的学习打下基础;第 3 单元为室内照明线路安装与检修,详细阐述了常见的家庭室内照明线路的安装与检修过程,包括安装与检修单控照明线路、双联开关照明线路和单控荧光灯线路;第 4 单元为综合照明线路安装与检修,主要介绍电能表线路的安装与故障排除以及综合配电线路应用实例。

本书配有学习卡资源,请登录 Abook 网站 http://abook.hep.com.cn/sve 获取相关资源。 详细说明见本书"郑重声明"页。

本书可作为中等职业学校电气运行与控制专业教材,也可作为职业技能培训用书,或供从事相关技术工作的人员学习参考。

图书在版编目(C I P)数据

照明线路安装与检修 / 林如军主编. --2 版.--北京:高等教育出版社,2021.6
电气设备运行与控制专业
ISBN 978-7-04-055761-9

Ⅰ.①照… Ⅱ.①林… Ⅲ.①电气照明-设备安装-中等专业学校-教材②电气照明-设备检修-中等专业学校-教材 Ⅳ.①TM923

中国版本图书馆 CIP 数据核字(2021)第 036318 号

策划编辑	唐笑慧	责任编辑	唐笑慧	封面设计	张 志	版式设计	童 丹
插图绘制	邓 超	责任校对	刘 莉	责任印制	田 甜		

出版发行	高等教育出版社	网 址	http://www.hep.edu.cn
社 址	北京市西城区德外大街 4 号		http://www.hep.com.cn
邮政编码	100120	网上订购	http://www.hepmall.com.cn
印 刷	北京鑫海金澳胶印有限公司		http://www.hepmall.com
开 本	889mm×1194mm 1/16		http://www.hepmall.cn
印 张	14.25	版 次	2015 年 7 月第 1 版
字 数	290 千字		2021 年 6 月第 2 版
购书热线	010-58581118	印 次	2021 年 12 月第 2 次印刷
咨询电话	400-810-0598	定 价	29.80 元

本书如有缺页、倒页、脱页等质量问题,请到所购图书销售部门联系调换
版权所有 侵权必究
物 料 号 55761-00

出版说明

教材是教学过程的重要载体,加强教材建设是深化职业教育教学改革的有效途径,是推进人才培养模式改革的重要条件,也是推动中高职协调发展的基础性工程,对促进现代职业教育体系建设,提高职业教育人才培养质量具有十分重要的作用。

为进一步加强职业教育教材建设,2012 年,教育部制订了《关于"十二五"职业教育教材建设的若干意见》(教职成〔2012〕9 号),并启动了"十二五"职业教育国家规划教材的选题立项工作。作为全国最大的职业教育教材出版基地,高等教育出版社整合优质出版资源,积极参与此项工作,"计算机应用"等 110 个专业的中等职业教育专业技能课教材选题通过立项,覆盖了《中等职业学校专业目录》中的全部大类专业,是涉及专业面最广、承担出版任务最多的出版单位,充分发挥了教材建设主力军和国家队的作用。2015 年 5 月,经全国职业教育教材审定委员会审定,教育部公布了首批中职"十二五"职业教育国家规划教材,高等教育出版社有 300 余种中职教材通过审定,涉及中职 10 个专业大类的 46 个专业,占首批公布的中职"十二五"国家规划教材的30% 以上。我社今后还将按照教育部的统一部署,继续完成后续专业国家规划教材的编写、审定和出版工作。

高等教育出版社中职"十二五"国家规划教材的编者,有参与制订中等职业学校专业教学标准的专家,有学科领域的领军人物,有行业企业的专业技术人员,以及教学一线的教学名师、教学骨干,他们为保证教材编写质量奠定了基础。教材编写力图突出以下五个特点:

1. 执行新标准。以《中等职业学校专业教学标准(试行)》为依据,服务经济社会发展和产业转型升级。教材内容体现产教融合,对接职业标准和企业用人要求,反映新知识、新技术、新工艺、新方法。

2. 构建新体系。教材整体规划、统筹安排,注重系统培养,兼顾多样成才。遵循技术技能人才培养规律,构建服务于中高职衔接、职业教育与普通教育相互沟通的现代职业教育教材体系。

3. 找准新起点。教材编写图文并茂,通顺易懂,遵循中职学生学习特点,贴近工作过程、技术流程,将技能训练、技术学习与理论知识有机结合,便于学生系统学习和掌握,符合职业教育的培养目标与学生认知规律。

4. 推进新模式。改革教材编写体例,创新内容呈现形式,适应项目教学、案例教学、情景教学、工作过程导向教学等多元化教学方式,突出"做中学、做中教"的职业教育特色。

5. 配套新资源。秉承高等教育出版社数字化教学资源建设的传统与优势,教材内容与数字化教学资源紧密结合,纸质教材配套多媒体、网络教学资源,形成数字化、立体化的教学资源体系,为促进职业教育教学信息化提供有力支持。

为更好地服务教学,高等教育出版社还将以国家规划教材为基础,广泛开展教师培训和教学研讨活动,为提高职业教育教学质量贡献更多力量。

高等教育出版社

2015 年 5 月

前 言

　　本书是"十二五"职业教育国家规划教材《照明线路安装与检修》的第 2 版,依据教育部《中等职业学校电气运行与控制专业教学标准》,并参照了有关的国家职业技能标准和行业专业技能鉴定规范,结合目前中等职业学校的教学实际情况编写而成。本书也是经人力资源和社会保障部职业技能鉴定中心认定的职业院校"双证书"课题实验教材。

　　本书从实用角度出发,根据中等职业学校电类专业学生的认知特点以及照明线路安装的实际情况编写,详细介绍了单控照明线路、双联开关照明线路、单控荧光灯照明线路以及电能表线路、综合配电照明线路的安装方法。本书将知识点与具体工作任务结合进行讲解,使枯燥的理论知识变得通俗易懂,充分调动学生的学习积极性。

　　本书力图体现以下四大特色:

　　1. 以任务为载体,以项目为驱动

　　本书将教学内容分解成多个教学任务,学生以教学任务为单位学习课程内容。为使学生明确学习目标,每个教学项目开始时安排"项目目标";为反馈学生学习情况,每个教学项目结束时安排"项目评价表"。同时把几个相关或相近的教学任务组成一个教学项目,每个教学项目开始还安排"项目描述",帮助学生了解本项目基本情况。此外,在一些教学任务中补充"知识链接"扩充相关知识。

　　2. 重视理论联系实际,突出实践能力培养

　　本书根据教学标准的要求,突出实践能力的培养。大多数教学任务除有"基本知识"教学环节外,在"项目评价表"中安排专门的"基本技能"考核项目,对于那些相对抽象、枯燥、难理解的基本理论知识则通过实训方式巩固和加深学生的理解,提高学生理论联系实际的能力,真正体现"做中学,做中教"。通过实训,提高学生在复杂情境下解决问题的能力,突出培养学生核心素养。

　　3. 有组织地编排内容,体现教学内容的层次性

　　本书分为 4 个单元共 9 个项目,单元之间、项目之间既相对独立又有一定的梯度,编排的顺序从基础到一般,从简单到复杂,从基本线路到综合线路,层次分明。此外,为了降低教学内容难度,方便阅读,激发兴趣,本书采用了大量直观形象的实物图。

　　4. 以走进照明为铺垫,引导学生明确专业发展方向

　　通过本书开篇对照明领域的学习,使学生知道我国已成为照明灯具的生产大国,让学生能

够找准定位,明确专业发展方向,激发学习兴趣,努力学习照明领域新技术。

本书各项目学时分配建议见下表,各学校可根据实际情况适当调整。

学时分配建议

单元	项目	实践学时
第1单元	项目1 了解照明领域	3
第2单元	项目2 安全用电常识	6
	项目3 认识常用电工仪器仪表及电工工具	6
第3单元	项目4 安装与检修单控照明线路	6
	项目5 安装与检修双联开关照明线路	6
	项目6 安装与检修单控荧光灯线路	6
第4单元	项目7 单相电能表线路的安装与故障排除	6
	项目8 三相电能表线路的安装与故障排除	6
	项目9 综合配电线路的设计与安装——以家庭配电线路为例	10
总学时		55

本书配有学习卡资源,请登录 Abook 网站 http://abook.hep.com.cn/sve 获取相关资源。详细说明见本书"郑重声明"页。

本书由林如军担任主编,陈浙、王仲斌担任副主编,章德胜编写项目1~项目3,麻正亮编写项目4,沈勇编写项目5,陈浙编写项目6,马君和赵高杰共同编写项目7和项目8,洪杰和高立峰共同编写项目9,全书由林如军、陈浙、王仲斌统稿。宁波鸿腾精密制造股份有限公司高立峰、赵高杰参与了本书的编写工作。

由于编者水平有限,书中难免有遗漏或不妥之处,恳请读者批评指正。读者意见反馈邮箱:zz_dzyj@ pub.hep.cn。

编 者

2020 年 12 月

目　录

第 4 单元   综合照明线路安装与检修

第 1 单元
走进照明

照明与我们的生活、工作息息相关,进入 21 世纪,照明已进入技术快速革新的时代。我国已成为照明灯具的生产大国。在本书的开篇,将带领大家一起走进照明领域,了解国内外照明领域的发展历程、新型照明灯具、照明线路的应用领域、我国在照明领域取得的成果。

图 1-0-1 所示为水立方在灯光照明下的夜景图。

图 1-0-1　水立方夜景图

项目 1　了解照明领域

项目目标　

1. 了解电气照明的发展历程及国内外照明领域的现状。
2. 了解 LED 等常用灯具的工作原理和使用场合。
3. 了解照明线路的应用领域。

项目描述

　　我国已成为照明灯具的生产大国,了解电气照明的发展历程、国内外照明领域的现状、照明线路的应用领域、常见灯具的工作原理及使用场合显得尤为重要,也是学习照明控制线路的基本要求。

项目实施　

任务 1　了解照明灯具的发展

一、电气照明的 4 个主要发展阶段

1. 白炽灯阶段

人类在文明进步的进程中,曾尝试各种方法以获得光源。从植物、动物油脂到石油制品,

都是通过燃烧方式形成光源。

在 1802 年,英国科学家汉弗里·戴维发明了第一个电灯。他用电做实验,发明了一种电池。当他连接电池和一块炭,炭发光。他的发明被称为电弧灯,虽然它产生了光,但寿命不长,不够明亮,并不实用。

1840 年,英国科学家沃伦·德拉鲁在封闭螺旋铂丝的真空管内通入电流使其点亮。铂的高熔点允许它在高温下工作,真空室中能与铂反应的气体分子更少,从而提高其寿命。虽然这是一个有效的设计,但铂金的成本使它不能够商业生产。

1850 年,英国物理学家约瑟夫·斯万创造了一个"灯"——包围碳化纸丝的真空玻璃球。1860 年,他做出了样品,但真空条件要求高和电力供应不足导致灯的寿命太短,但这被认为是一种有效的光源。到了 19 世纪 70 年代,出现了更好的真空泵,1878 年斯万开发的灯使用了处理过的棉线,解决了早期灯泡发黑的问题,使用寿命也变得更长。

1874 年,加拿大的两名电气技师伍德沃德和伊万斯申请了一项电灯专利:在玻璃泡中充入氮气,使通电的碳杆发光,但他们没有足够财力继续完善这项发明,最终把该专利在 1879 年卖给了爱迪生。

1879 年,美国发明家爱迪生把很细的碳化纤维丝封在一个玻璃泡里面,利用真空泵把玻璃泡里的空气抽走,再在灯丝两端施加稳定的电压,使灯丝变成一个很稳定的明亮光源,电气照明的时代从此降临。灯丝最早以碳来制作,后来改用钨丝,原因是钨的熔点高,不容易损坏,且光谱特性较好,抗热抗冷性较好。

白炽灯是广泛被人们使用的一种光源,它能散发出温暖晕黄的光线。它的价格便宜,显色性好,开灯即亮,可连续调光,结构简单。然而,白炽灯的寿命并不长久,光效低,也不省电节能,只有不到 10% 的电能被转换成可见光,剩余(电)能量以热(能)的形式损失,它还会上升至较高的温度,所以不可以距离纸张、纺织品或塑料制品太近。白炽灯如图 1-1-1 所示。

图 1-1-1　白炽灯

2. 荧光灯阶段

20 世纪 30 年代初诞生的荧光灯又称为日光灯,以比白炽灯明亮和节电的优势脱颖而出。

荧光灯利用低压的汞蒸气在通电后释放紫外线,从而使荧光粉发出可见光的原理照明,因此它属于低气压弧光放电光源。

1974年,荷兰飞利浦首先研制成功了能够发出人眼敏感的红、绿、蓝三基色的荧光粉。三基色(又称三原色)荧光粉的开发与应用是荧光灯发展史上的一个重要里程碑,它可以使荧光灯从单纯的冷白光发展成不同颜色的光。

荧光灯可以说是室内照明非常重要的发明。与传统的白炽灯相比,荧光灯具有使用寿命长、发光效率较高、光照面积大、可调整成不同光色等优点。

荧光灯通常是一根细长的圆管,里面包含极微量的汞及少量的惰性气体(氩气或氖气)。通电后,灯管两端的电极引发高压放电,游离管中的惰性气体产生电弧,激发汞蒸气发射波长较短的紫外线。涂抹在灯管内壁的荧光粉吸收紫外线,再转换成可见光。若变更荧光粉的种类,便可以得到适合不同场合的灯光,如适合办公室与工厂的冷白光、适合用在温暖社交环境中的温白光。荧光灯如图1-1-2所示。

图1-1-2　荧光灯

3. 节能灯阶段

节能灯,又称为省电灯、电子灯、紧凑型荧光灯及一体式荧光灯,是指将荧光灯与镇流器(安定器)组合成一个整体的照明设备。

由于照明技术及照明器具的广泛使用,人们的生活水准普遍提高,对照明设备的需求日益增加,也使得耗电量快速增长,于是人们开始重视高效率、高品质的照明灯具的研发。节能灯工作时灯丝的温度约为1 160 K,比白炽灯工作的温度2 200~2 700 K低,所以它的寿命也大大提高到8 000 h以上,又由于它不存在白炽灯那样的电流热效应,能减少热量释放,节省电能。

节能灯的优点包括结构紧凑、体积小;减少热量释放,发光效率高、节省能源;可直接取代白炽灯;灯管内壁涂有保护膜,采用三重螺旋灯丝,可以大大延长使用寿命,是白炽灯的6~10倍。但节能灯也有缺点,使用的镇流器在产生瞬间高压时,会产生一定的电磁辐射;节能灯需要添加稀土荧光粉,由于稀土荧光粉本身有放射性,节能灯还会产生电离辐射(即放射线核辐射)。节能灯如图1-1-3所示。

4. LED灯阶段

LED灯所使用的发光材料是发光二极管。与传统照明技术相比,LED的最大特点是结构

图 1-1-3　节能灯

和材料不同,它是一种能够将电能转化为可见光的半导体,上下两层装有电极,中间有导电材料,可以发光的材料在两电极的夹层中,光的颜色根据材料性质的不同而有所变化。

LED 属于全固体冷光源,体积更小,重量更轻,结构更坚固,而且工作电压低,使用寿命长。按照通常的光效定义,LED 的发光效率并不高,但由于 LED 的光谱几乎全部集中于可见光频段,效率可达 80% ~ 90%。而同等光效的白炽灯的可见效率仅为 10% ~ 20%,单体 LED 的功率一般为 0.05 ~ 1 W,通过集群方式可以满足不同的照明需求。

LED 灯具有使用低压电源、耗能少、适用性强、稳定性高、响应时间短、对环境无污染、多色发光等优点,虽然价格较现有照明器材昂贵,但 LED 灯的出现,极大地降低了照明所需要的电能,同样功率的 LED 灯所需电能只有白炽灯的 1/10。LED 灯如图 1-1-4 所示。

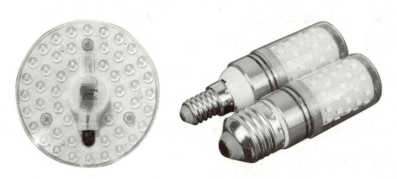

图 1-1-4　LED 灯

二、目前我国照明领域概况

1. 我国照明领域发展

我国照明领域 1999 年开始进入快速发展阶段,1999 年到 2009 年是我国照明产业快速成长的黄金十年,产业规模得到很大的扩张。

目前,我国的节能灯等光源产品产量和出口均居世界第一,灯具产品的出口额达到世界灯具贸易额的 1/3,已经成为全球照明产品生产大国。

2. 我国照明领域细分

（1）白炽灯

白炽灯是最早的照明灯具类型，由于其效率较低、能耗过高，已经逐步被其他照明光源所取代。2012 年白炽灯产量为 45.28 亿只，同比下降 15.9%，2016 年 10 月 1 日起我国禁止进口和销售 15 W 及以上普通照明白炽灯。

（2）荧光灯

荧光灯是使用非常普遍，技术发展也比较成熟的一类灯具，其产品本身经历了早期的 T12、T10，到目前普遍使用的 T8 灯管，再到最新的 T5 以及 T4 灯管。

荧光灯的发光效率比较高，能够满足大多数照明场所的照度需求，且生产工艺成熟，价格较低，一定时期内还将占据通用照明领域的主导地位。

（3）节能灯

节能灯于 20 世纪 80 年代初开始在我国进行研发、生产，由于其劳动力密集型的生产模式，节能灯在我国的产量迅速提升，品质也快速发展。目前我国的节能灯生产工艺已经非常成熟，很多国际一线品牌都在我国进行代工（OEM）生产，而全球 80% 以上的节能灯都产自我国。

（4）LED 灯

LED 技术发展在近几十年广泛应用，目前在照明产品领域的应用处于快速发展阶段。尽管起步晚，但基于 LED 技术的快速发展以及政策的大力推动，整个 LED 照明行业的发展速度非常快，并且也成为照明领域公认的未来发展方向。

2009 年 5 月，科技部启动了"十城万盏"半导体照明应用工程试点工作，决定在北京、上海、深圳、武汉等 21 个国内城市使用 LED 市政照明灯具。同年，国家发展和改革委等部门联合公布了《半导体照明节能产业发展意见》，半导体照明节能产业得到长足的进步。

3. 我国照明领域发展趋势

随着科技的不断进步，照明领域的产品也在经历快速的更新换代。

传统的白炽灯已被逐渐淘汰。而在室内照明领域，一段时期内仍然会以荧光灯为主导产品，但荧光灯本身也会不断升级。此外各种类型的节能灯会继续在民用、中低端市场保持较大的市场份额，而卤素灯会在商用、装饰性照明领域有较多的应用。

整个照明领域未来最大的发展趋势无疑是基于 LED 的绿色照明技术。近年来，随着 LED 芯片、封装等方面技术的快速发展，LED 照明已经快速进入室内照明、商用照明和户外照明领域。

随着对 LED 发光机理和数字化控制技术越来越深入的把控，对 LED 照明产品进行光谱级的控制已经成为可能。面向不同的照明应用，使用具有最适当的光谱能量分布的光，从而满足使用者多方位需求，是照明领域发展的一个不可忽视的重要驱动力。

三、目前国外照明领域概况

人类从进入电气照明时代至今已经经历了上百年,在技术发展推动下照明行业主要经历了 4 个发展阶段,各阶段代表性的照明产品各有优劣势,但照明领域整体朝着环保节能的方向发展。

LED 照明凭借着能效比更高、寿命更长、更节能环保等诸多优势正实现对传统照明产品的替代,各国政府相继出台禁用白炽灯的政策。随着技术进步,LED 芯片价格下跌使得综合成本降低,LED 照明灯具的应用领域将更加广泛。

随着智慧城市的发展,全球照明领域也将呈现智慧照明和生态照明的发展趋势。

任务 2　认识常见的灯具

常见的灯具种类繁多,是我们生活中必不可少的一部分,可以根据使用环境、制作工艺、适用场合、制作材料等进行分类。

一、光源的分类

按照光源分,可分为 LED 光源和传统光源。

1. LED 光源(冷光源)

常见 LED 光源如图 1-1-5 所示。

图 1-1-5　常见 LED 光源

LED 光源是以发光二极管(LED)为发光体的光源,是如今广受欢迎的新一代电光源。LED 光源具有效率高,寿命长,安全可靠,无热辐射、属于冷光源,能准确控制光形及发光角度,利于环保,光源体积小,可随意组合等显著特点,逐渐成为目前的主流光源。它包括很多灯种,如 LED 筒灯、LED 射灯、LED 投光灯等。

LED 的能量转化方式为:电能直接转化为光能(电能—光能)。

2. 传统光源(热辐射型光源)

常见传统光源如图 1-1-6 所示。

图 1-1-6　常见传统光源

传统光源只是一个较为概括、笼统的说法,主要指除了 LED 光源以外的绝大多数热辐射型光源,如白炽灯、卤素灯、金卤灯、荧光灯等灯具种类。

传统光源(如白炽灯)的发光原理是利用物体受热发光、热辐射原理实现的(电能—热能—光能)。

二、LED 照明灯具的分类

本书根据目前国内外照明领域使用灯具的应用范围,重点介绍 LED 光源的照明灯具。

LED 照明灯具一般可分为户外照明、景观照明、室内照明、特种照明 4 大类,如图 1-1-7 所示。

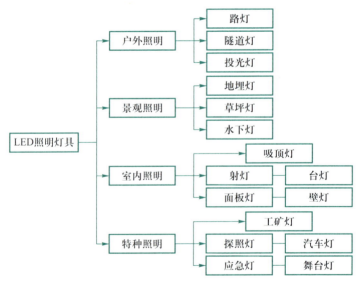

图 1-1-7　LED 照明灯具分类

LED 的发光原理

LED 是一种能够将电能转化为可见光的固态半导体器件,它可以直接把电能转化为光能。LED 的心脏是一个半导体晶片,晶片的一端附在一个支架上,连接电源的负极,另一端连接电源的正极,整个晶片被环氧树脂封装起来。

半导体晶片由两部分组成,一部分是 P 型半导体,空穴占主导地位,另一部分是 N 型半导体,电子占主导地位。P 型和 N 型半导体连接后,它们之间就形成一个 PN 结。当电流流过该晶片时,电子移动到 P 区跟空穴复合,然后以光子的形式发出能量,这就是 LED 发光的原理。不同波长的光其颜色也不同,这是由形成 PN 结的材料决定的。

LED 可以直接发出红、黄、蓝、绿、青、橙、紫、白色的光。

三、常见 LED 灯具灯头介绍

灯头是灯具不可缺少的组成部件,常见的灯头分为 MR16、GU10、E14/E27、B22、G24。

1. MR16 灯头

MR 是 multifaceted(mirror)reflector 的缩写,意为一种由多个反射面组成的反射器。其后的数字表示灯头最大外形的尺寸,为 1/8 英寸的倍数,所以"16"就表示灯具的最大外径尺寸是 2 英寸。生活中常见的灯杯、射灯大多数都采用 MR16 灯头,多数低压(12 V、24 V、36 V 等)灯具也采用此灯头,如图 1-1-8 所示。

图 1-1-8　MR16 灯头

2. GU10 灯头

GU10 是一种常见的灯头,其中的 G 表示灯头类型是插入式,U 表示灯头部分呈现 U 字形,后面数字表示灯脚孔中心距为 10 mm。GU10 灯头如图 1-1-9 所示。

3. E14 灯头

E 代表螺口,字母后的数字代表接口直径尺寸(mm),E14 是 14 mm 螺口灯头,灯头有螺

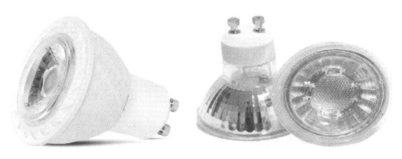

图 1-1-9　GU10 灯头

纹,用于旋入 E14 灯具接口。E14 灯头多用于装饰灯具,如吊灯、水晶灯,如图 1-1-10 所示。

图 1-1-10　E14 灯头

4. B22 灯头

B 代表插口,字母后的数字代表接口直径为 22 mm。该灯头有两根凸起卡扣,用于卡入 B22 灯具接口。B22 灯头如图 1-1-11 所示。

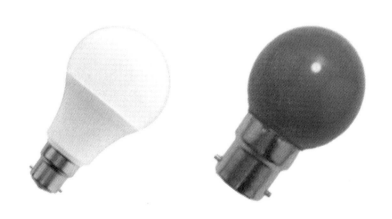

图 1-1-11　B22 灯头

5. G24 灯头

G24 属于横插式灯头,在现实生活中,超市、酒店天花板上的筒灯中多数使用 G24 灯头,如

图 1-1-12 所示。

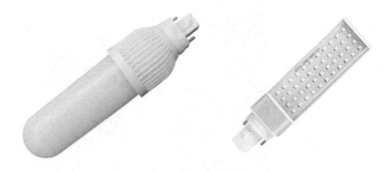

图 1-1-12　G24 灯头

四、典型的 LED 灯具

1. LED 筒灯

LED 筒灯是一种嵌入天花板内、光线下射式的照明灯具。LED 筒灯属于定向式照明灯具,只有它的对立面才能受光,光束角属于聚光,光线较集中,明暗对比强烈,更加突出被照物体,照度较高,更衬托出安静的环境气氛。LED 筒灯使用场合及外观如图 1-1-13 所示。

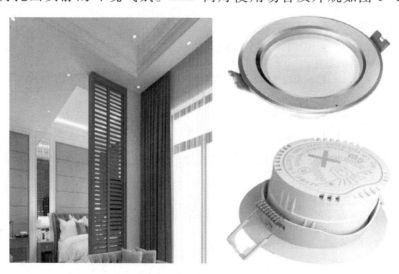

图 1-1-13　LED 筒灯使用场合及外观

LED 筒灯主要通过二极管发光方式实现照明,寿命主要取决于固体 LED 光源和驱动散热部分,可达 80 000 小时以上。

（1）LED 筒灯的结构及应用

LED 筒灯主要由 PC 面罩、定制 LED 芯片、智能驱动芯片、PBT 阻燃塑壳、弹簧折耳 5 部分组成,如图 1-1-14 所示。

筒灯一般应用于商场、办公室、工厂、宾馆及医院等室内照明,安装简单方便,为人们所喜

PC面罩 ———

定制LED芯片 ———

智能驱动芯片 ———

PBT阻燃塑壳 ———

弹簧折耳 ———

图 1-1-14　LED 筒灯结构图

爱。LED 筒灯除了继承传统筒灯全部优点外,发热量小,省电,寿命长,维护成本极低。早期由于 LED 灯珠昂贵,LED 筒灯整体成本很高,不为用户所接受。随着 LED 筒灯芯片价格的降低以及散热技术的提高,LED 筒灯已经进入商用领域。

（2）LED 筒灯的特点

① 使用 LED 筒灯让家装更为美观　筒灯帮助保持室内装饰的整体统一与完美,不破坏吊灯等灯具的设置,光源隐藏在装饰内部,不外露,无眩光,LED 光源给人的视觉效果更为柔和、均匀。

② LED 的节能性可帮助家庭减少电费支出　同等亮度 LED 灯耗电仅为普通节能灯的1/4,一盏 LED 筒灯可为一个家庭一个月节约电费几十元。

③ LED 筒灯不易碎,可回收,环保性强,不含汞等有害物质,对环境无污染。而且由于节能,相当于减少了碳排放量,符合"节能减排"的生活理念。

④ LED 筒灯具有长寿性　LED 筒灯的寿命可达 8 万小时以上,每天使用 6 小时,可以使用 30 多年。

（3）LED 筒灯安装注意事项

① 打开 LED 筒灯包装后应立即检查产品是否完好。

② 安装前切断电源,确保开关处于断开状态,防止触电,灯饰点亮后,手切勿触摸灯表面。应避免安装在热源处及有热蒸汽、腐蚀性气体的场所,以免影响寿命。

③ 使用前根据安装数量确认好适用电源。在户外使用时要注意防水,安装前确保安装位置可以承受 10 倍于该产品的重量。

④ 灯杯使用 110V/220V 电源,不宜工作在频繁通断电状态下,以免影响其寿命。

⑤ 应安装于无震动、无摇摆、无火灾隐患的稳固之处,注意避免高空跌落、硬物碰撞、敲击。

⑥ 如长期停用,LED 筒灯应存放在阴凉、干燥、洁净的环境中,禁止在潮湿、高温或易燃易爆场所中存放和使用。

2. LED 投光灯

投光灯又称聚光灯,它通常能够瞄准任何方向,并且不受气候条件影响。其寿命和发光效率可达普通白炽灯的几倍,和一体式荧光灯相比也高出不少,主要用于大面积作业场矿、建筑物轮廓、体育场、立交桥、纪念碑、公园和花坛等。LED 投光灯使用场合及外观如图 1-1-15 所示。

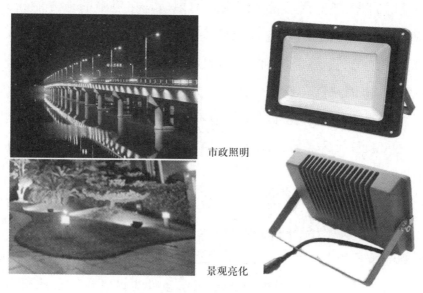

市政照明

景观亮化

图 1-1-15　LED 投光灯使用场合及外观

LED 投光灯是将一块电致发光的半导体材料芯片用银胶或白胶固化到支架上,然后用银线或金线连接芯片和电路板,四周用环氧树脂密封以保护内部芯线,最后安装外壳,所以其抗震性能好。

(1) LED 投光灯的结构及应用

LED 投光灯主要由光学部件、机械部件和电气部件 3 部分组成。光学部件主要是反射器和限制光线的遮光格片。机械部件主要是外壳,固定和调整光源位置的调焦机构,固定灯具的支架、基座和带有角度指示的调整灯具光束投射方向的零件。对于密闭式 LED 投光灯,机械部件还包括保护玻璃及各种密封圈。根据使用环境的需要,有的 LED 投光灯还带有金属网罩。性能良好的 LED 投光灯还配有空气过滤器。LED 投光灯的结构如图 1-1-16 所示。

(2) LED 投光灯的特点

① 投光射程远、范围广　LED 技术对于光感的识别精度高,能很好地根据光强调整反射弧,从而使投光灯的射程随光线的强弱做出相应的变化。此外,好的 LED 投光灯射程比普通

压铸铝壳体　　　　　　　　　　　钢化玻璃罩

图 1-1-16　LED 投光灯的结构

投光灯的射程远,覆盖范围也较广,受欢迎程度也较高。

② 投光可持续时间长、耗能低　投光灯主要的用途是在黑暗的地方能让人看清一定范围内的环境,尤其对于夜间出行的人们,它可以照亮行走的大道。投光灯在融入 LED 技术的同时,也增强了它续航的能力,投光可持续时间较长,耗能也较低。

③ 制作材料防雾、坚固　汽车投光灯作为室外 LED 投光灯的一种,长期暴露在室外空气中,因此其制作材料应能应对不同天气以及其他不可控因素。例如,汽车投光灯在雨雾天具有防雾效果,可以使来车和行人容易发现车辆从而减小了发生交通事故的概率。

(3) LED 投光灯安装注意事项

① 在安装 LED 投光灯之前,为了保证其安装后的使用质量,应对其进行详细的检查,查看 LED 投光灯的外观有没有损坏,配件是否齐全等,每一项都要认真检查。

② 在确认外观无破损以及配件齐全之后,需要做好 LED 投光灯的安装准备工作,按照所附的安装图纸,试安装以确定图纸正确与否。如果有条件应该一台一台地试亮,避免安装好以后发现有坏的。

③ 要注意固定和接线的重要性,尤其是室外接线,防水非常重要,在固定和接线的时候要进行复查。

④ 在 LED 投光灯固定好并接好线后,准备试亮时,最好在主电源上用万用表检测查看是否有接错线或短路等情况。

⑤ 全部 LED 投光灯都试亮结束,应尽量多亮一段时间,第二天、第三天再复查,确保没有问题。

LED 投光灯安装示意图如图 1-1-17 所示。

3. 工矿灯

所谓工矿灯是指工厂、矿井、仓库、高棚等生产作业区中使用的灯具类的总称,除了在通常环境中使用的各种照明灯外,还有特殊环境中使用的防爆灯和防腐蚀灯。工矿灯使用场合及外观如图 1-1-18 所示。

(1) LED 工矿灯应用及基本结构

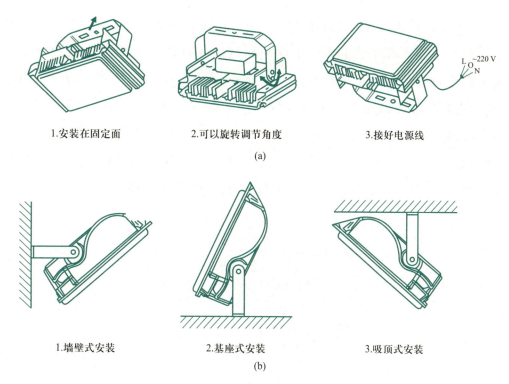

1.安装在固定面   2.可以旋转调节角度   3.接好电源线

(a)

1.墙壁式安装   2.基座式安装   3.吸顶式安装

(b)

图 1-1-17　LED 投光灯安装示意图

仓库

体育馆

图 1-1-18　工矿灯使用场合及外观

为了满足不同生产作业的照明需要和灯具安装条件的需要,工矿灯的反射器应能产生各种宽窄程度的光分布,用铝、玻璃镜、棱镜玻璃等材料制成的反射器,都可以得到宽的光分布,适合于大面积、工作面垂直或接近垂直的工作场所。对于高大厂房和有高大机床的需要单独照明的场所,可采用棱镜玻璃、镜面玻璃和抛光铝等控光性能强的材料制成的反射器,得到窄光束分布。

为了在多尘、潮湿等环境条件较差的场所中长期、可靠地工作,工矿灯在结构设计、外壳和反射器等方面都有特殊要求。多尘环境中应使用密闭式灯具或有向上光通的对流式灯具;潮湿环境中应注意外壳的密闭性和反射器的表面处理;一般室内常用敞开式灯具,采用搪瓷面反射器、表面氧化铝膜层较厚或涂有二氧化硅保护膜的铝反射器;考虑到生产场所中震动不可避免,固定光源宜采用防松脱灯座。工矿灯有多种固定方式。一般照明灯有吸顶、嵌入、吊装(采用直管或链条)和吸壁等形式。可移式局部照明灯配有相应的挂钩、手柄、夹脚等;固定式局部照明灯一般都用螺钉或固定机构牢固地锁在工作机器上。LED 工矿灯的结构示意图如图 1-1-19 所示。

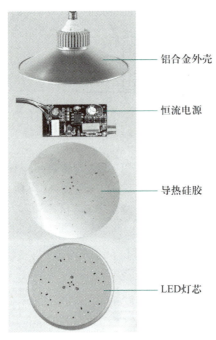

铝合金外壳

恒流电源

导热硅胶

LED灯芯

图 1-1-19　LED 工矿灯的结构示意图

(2) LED 工矿灯的特点

LED 工矿灯是一种专门为工矿行业作业使用而设计制作的 LED 灯具种类,它主要具有以下几个特点:

① 经久耐用,使用寿命长　LED 工矿灯一般使用优质的铝合金材料来制作灯具外壳,铝合金的强度比较高,各方面的性能都比较稳定,因此在长期使用后也不会变形,它的表面经过高压静电的喷塑处理,使得灯具的表面握感舒适,使用寿命长。

② 具有一定的防爆性能　考虑到灯具使用地点的特殊性,在制作 LED 工矿灯的时候,采用了一种特殊的防爆结构设计,并使用钢化玻璃来制作灯具的灯罩,加上经过了压铸的工艺制作,使得 LED 工矿灯的性能比较稳定,具有一定的防爆性能,安全系数高。

③ 光效高,具有很好的环保性能　LED 工矿灯具有很小的发热率,光效比较高且耗电率很低,是一种比较理想的工矿作业灯具。

④ 使用方便简单　LED 工矿灯的外观造型小巧精致,便于携带,可以采用多种形式来安置。

（3）LED 工矿灯安装注意事项

① 安装前,必须检查 LED 工矿灯是否完整以及配件是否齐全。

② 安装 LED 工矿灯时必须要求安装人员持有专业的电工证,这样才能避免安装失误而损坏 LED 工矿灯。

③ LED 工矿灯上的连线可以从钻孔中通过,灯具后面的连线可以用电线夹固定,要确保固定牢固。

④ 要确保 LED 工矿灯的电源线有足够的长度,不要受到张力或切向力,安装 LED 工矿灯的连线时应避免过大的拉力,不要使连线打结,输出连线要注意区分,不要和其他灯具混淆。

⑤ LED 工矿灯与易燃材料要保证至少 0.2 m 的距离,要保证与安装的天花板有 2 cm 的间隙,LED 工矿灯不能全部安装在天花板的里面,或有热源的墙边,要注意低压与高压电连线分开走线。

⑥ LED 工矿灯安装完毕后,还需要进行通电测试,如果有个别 LED 工矿灯无法点亮,需要排查电路或者灯具本身,在确保所有 LED 工矿灯正常点亮之后,LED 工矿灯的安装工作才算完结。

4. 水下灯

水下灯一般为 LED 光源,LED 水下灯是安装在水底的一种 LED 灯,外观小巧精致,美观大方,其外形和有些地埋灯差不多,只是多了个安装底盘,底盘用螺钉固定。大型游泳馆、喷泉、水族馆等场所的水下照明都采用水下灯,通电的时候可以发出多种颜色灯光,绚丽多彩。水下灯使用场合及外观如图 1-1-20 所示。

图 1-1-20　水下灯使用场合及外观

（1）LED 水下灯的结构

一般 LED 水下灯主要由防水装置、散热装置、LED 芯片、面罩及灯体组成,如图 1-1-21

所示。

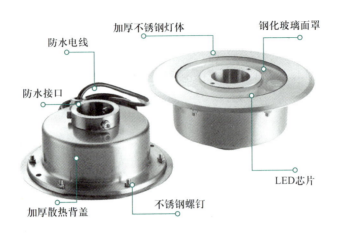

图 1-1-21　LED 水下灯结构示意图

（2）LED 水下灯的特点

LED 水下灯采用 LED 技术制作生产。与传统水下灯相比，LED 水下灯更加节能环保，而且灯光变幻多样，装饰性更强，所以被广泛应用在各种景观照明系统中。

① 使用寿命超长，维护成本极低。

② 功耗低，亮度高，不发烫，低压电路与市电完全隔离，使用安全，绿色环保。

③ 色彩多样，还可变换灯光颜色。

④ 投射角度可变，可远距离、中距离或近距离投光，亦可打出十几米高的光柱。

⑤ 安装灵活方便。

（3）LED 水下灯安装注意事项

LED 水下灯的安装需要注意以下问题：

① LED 水下灯的顺向压降会随着 LED 芯片温度的升高而变小，但恒压驱动则会造成 LED 水下灯的芯片随着温度升高电流不断加大的情况，严重的时候甚至可能烧毁 LED 水下灯。因此 LED 水下灯应采用直流恒流电源供电。

② 需做好防静电措施　LED 水下灯在安装的过程中要保证安装时空气湿度在 65% 左右，以免空气过于干燥产生静电。另外，不同质量档次的 LED 抗静电能力也不一样，质量档次高的 LED 水下灯抗静电能力要强一些。

③ 要注意 LED 产品的密封　不管是什么样的 LED 灯具产品，只要应用于室外，都面临着防潮、密封的问题，对 LED 水下灯来说更是如此。密封问题处理不好会直接影响 LED 水下灯产品的使用寿命。

任务3　了解照明线路的应用领域

照明线路的应用领域非常广泛,人们的日常生活中已离不开灯具。根据不同的场合和技术要求,照明一般分为室内照明、工厂和工地照明以及特殊照明如矿井作业照明、障碍照明等。

一、室内照明

室内照明不仅要解决人们在生活、工作、学习中的需求,还要提高室内空间环境的艺术性,使人们生活得更舒适。日常室内照明包括以下5种场合。

1. 家庭照明

家庭照明满足人们在外界光线不足时进行补充照明,也可利用彩色光源来烘托温暖、和谐、浪漫的情调,体现舒适、休闲的氛围。家庭客厅灯光布局及装饰效果如图1-1-22所示。

图1-1-22　家庭客厅灯光布局及装饰效果

2. 商场照明

现代商场的照明是非常复杂多样的,一方面要满足对于照明质量和效果的客观评价,即有关照度、色温度、照明的均匀性、显色性指数等照明标准;另一方面要有良好的视觉印象,以及由视觉印象所唤起的情感、趣味等非量化的对照明的主观感觉和评价。现代商场照明大多数采用节能的 LED 光源,不仅可以使室内明亮,还可以烘托气氛等。大型购物商场的照明灯光展示效果如图1-1-23所示。

图 1-1-23　大型购物商场的照明灯光展示效果

3. 娱乐与休闲场所的气氛照明

这类照明都采用体积小的光源,固态发光,可以根据气氛和场合的不同风格,采用 LED 彩色灯光进行照明烘托,丰富的色彩和动静态的照明效果可以增强灯光装饰性,制造情调。某酒吧大厅照明灯光效果如图 1-1-24 所示。

图 1-1-24　酒吧大厅照明灯光效果

4. 博物馆、美术陈列馆等专业场所的照明

这些场所对照明环境要求较高,其展示物品的特殊性要求照明光源不含紫外线且没有热辐射。采用 LED 冷光源可以满足博物馆、美术陈列馆对照明的特殊要求。大型展览场馆照明布局效果如图 1-1-25 所示。

5. 电视演播厅和舞台的照明

电视作为当今社会重要的传播宣传工具,为各种艺术形式提供良好的传播途径,对灯光也有一定的技术要求。舞台灯光不同于工程技术照明,没有严格的照度数据,但照明标准主观性很强,这种主观性的表现,一是满足观众看清舞台上应该看到的对象;二是要创造剧情需要的舞台气氛。大型舞台灯光展示效果如图 1-1-26 所示。

图 1-1-25 大型展览场馆照明布局效果

图 1-1-26 大型舞台灯光展示效果

二、工厂和工地照明

在工厂和工地中,合适的照明不仅可以增加工人的舒适度和安全感,还有助于提升工作效率和生产率,同时也能有效预防疲劳,减少失误和意外事故的发生。高质量的工厂和工地照明灯具和设计方案能有效节约能源,减少生产成本,营造高效节能、绿色环保、安全可靠的光环境,成为企业生产的隐形推动力。

1. 布置合理的照明方式

在工厂和工地布置的照明方式一般可分为:一般照明、局部照明、混合照明、重点照明和应急照明。工厂仓库的照明布局展示效果如图 1-1-27 所示。

根据实际情况和要求布置合理的照明方式,主要有以下几点:

① 对于在照度方面要求较高、工作位置密度不大的厂房,或者不适合使用一般照明的场所,可以采用混合照明。

② 在照度方面要求不高,或者受生产技术条件限制,不适合采用局部照明设计的场所,或采用混合照明不合理的场所,可以单独采用一般照明设计。

③ 当某一工作区域的照明需要高于一般照明照度时,可以采用分区一般照明。

图 1-1-27　工厂仓库的照明布局展示效果

④ 在分区一般照明不能够满足照度要求时,可以增加局部照明设计,但是在厂房的工作区域内不能只装设局部照明。

⑤ 当需要提高特定区域或目标的照度时,宜采用重点照明。

⑥ 在工厂和工地照明中,为防止电源发生故障影响正常照明,确保正常生产活动继续进行,必须装设应急照明。

2. 设置合适的照度标准

生产环境不同,工厂和工地的照度标准也不尽相同,其照度标准分级如下:0.5 lux、1 lux、2 lux、3 lux、5 lux、10 lux、15 lux、20 lux、30 lux、50 lux、75 lux、100 lux、150 lux、200 lux、300 lux、500 lux、750 lux、1 000 lux、1 500 lux、2 000 lux、3 000 lux、5 000 lux。工厂照明布局展示效果如图 1-1-28、图 1-1-29 所示。

图 1-1-28　工厂照明布局展示效果一

图 1-1-29　工厂照明布局展示效果二

① 在满足下列一项或多项条件的环境下,工厂和工地照明的照度标准值应采用照度分级的高一级:

a. 视觉要求高的精细作业场所,眼睛至识别对象的距离大于 500 mm。

b. 连续长时间紧张的视觉作业,对视觉器官有不良影响。

c. 识别移动对象,要求识别时间短促且辨认困难。

d. 视觉作业对操作安全有重要影响。

e. 识别对象与背景辨认困难。

f. 作业精度要求高,并且产生差错会造成很大损失。

g. 视觉能力显著低于正常能力。

h. 建筑等级和功能要求高。

② 在符合下列一项或多项条件时,作业面或参考平面的照度标准值,可采用照度分级的低一级:

a. 进行很短时间的作业。

b. 作业精度或速度无关紧要。

c. 建筑等级和功能要求较低。

三、特殊照明

1. 矿井作业照明

矿井作业照明的基本要求是:照明质量好、光效高、省电、安全可靠、坚固耐用并便于安装、使用和维修。《煤矿安全规程》对矿井各主要地点的照明要求有具体规定。

矿井照明灯具按使用方式分为固定式和移动式;按结构类型分为矿用一般型、矿用安全型和矿用隔爆型。

我国矿井中的固定式照明电源一般为 127 V,由干式照明变压器供电;移动式照明电源一般为 36 V,个别为 127 V,由机器本体附带的照明变压器供电。架线式电机车上的投光灯由架线直流电源供电;蓄电池式电机车则由本机蓄电池组抽头供电。

(1) 固定式照明灯具

以往在矿井下应用的主要光源是白炽灯和荧光灯,此类光源污染环境且不节能;现在矿井照明采用安全、节能及环保的光源——金卤灯及 LED 光源。固定式矿井照明场景如图 1-1-30 所示。

图 1-1-30　固定式矿井照明场景

（2）移动式照明灯具

在采掘、装载机械和电机车等移动机械设备上，采用移动式灯具(也称矿用投光灯)，为作业时提供局部照明。这类灯具大多为矿用隔爆型，具有耐震性能好、光斑大、亮度高、坚固耐用并带有开关等特点。光源大多为白炽灯，少数采用高压汞灯。电机车上的投光灯带有性能良好的反射器，使照射距离超过40 m，并要有拆卸方便、固定牢靠的尾灯(红灯)。

（3）蓄电池照明灯具

蓄电池照明灯具有头戴式(称矿灯或头灯)和手提式两种。矿灯是井下矿工随身必备的灯具，由蓄电池组、灯头和连接电缆等组成。蓄电池系在矿工腰带上，灯头戴在矿工帽上。灯头内有自动断电装置，灯泡或灯面玻璃破碎时能立即断电，以保证井下使用安全。手提式灯备有提环或挂钩，在灯内由蓄电池经导电触点直接给灯泡供电，常用于缓倾斜薄矿层工作面的照明。头戴式和手提式矿灯实物图如图1-1-31所示。

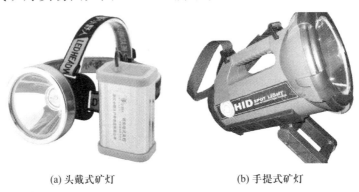

(a) 头戴式矿灯　　　　　　　　(b) 手提式矿灯

图 1-1-31　矿灯实物图

矿灯电源有酸性铅蓄电池、碱性镍蓄电池和锂电池等多种。19世纪70年代，我国广泛采用过碱性镍蓄电池矿灯。碱性镍蓄电池具有寿命长、机械强度较高、电解液消耗量小、故障率低等优点，但其电量及电能效率低。现在则基本以锂电池为主。锂电池具有高储存能量密度，是酸性铅蓄电池的6~7倍，具有使用寿命长、自放电率很低、重量轻、高低温适应性强、绿色环保等特点，所以被广泛采用。

井下灯具的发展方向是固定式照明灯具以荧光灯为主，白炽灯只作为临时性移动式灯具或应急照明灯具。以后将采用发光效率高、体积小、防爆性能可靠的新型灯具，如高频荧光灯、高压汞灯、新型LED节能灯等。

2. 障碍照明

障碍照明是装设在建筑物或构筑物上作为障碍标志用的照明。为了保证夜航的安全，在飞机场周围较高的建筑物上，在船舶航行的航道两侧的建筑物上，应按民航和交通部门的有关规定装设障碍照明。障碍灯应为红色，有条件的宜采用闪光照明，并且接入应急电源回路。具体要求如下：

① 障碍物就其障碍灯的设置应标出障碍物的最高点和最边缘(即视高和视宽)。

② 如果物体的顶部高出其周围地面 45 m 以上,必须在其中间层加设障碍灯,中间层的距离必须不大于 45 m 并尽可能相等(城市中 100 m 以上的超高建筑物尤其要考虑中间层加设障碍灯)。地处城市和居民区附近的建筑物装设中间层障碍灯时,应考虑避免使居民感到不快。一般要求从地面只能看到散逸的光线。

③ 外形广大的建筑群所设置的障碍灯应能从各个方面看出物体的轮廓,水平方向也可参考以 45 m 左右的间距设置障碍灯。

④ 对于 105 m 的超高物体、设施或拉线塔、楼顶塔等,应在其顶端设置中光强 A 型障碍灯,并为白色闪光,其下部分层设置红色中光强 B 型障碍灯。

⑤ 高于 150 m 的超高物体(如广播电视塔、大跨越斜拉桥等)应在其顶端设置高光强 A 型障碍灯,并且应以中、高光强障碍灯配合使用。

⑥ 超高压输电线铁塔应设置高光强 B 型障碍灯,并为三层同步闪光。位置为塔顶、电缆下垂最低点及两者中间位置,且需沿电缆走线方向设于铁塔外侧。

⑦ 对于烟囱或其他类似性质的建筑物,顶部障碍灯必须位于顶端 1.5~3 m 之间,考虑到烟囱对灯具会造成污染,障碍灯可装设在低于烟囱口 4~6 m 的部位。

⑧ 不论哪种障碍灯,其在不同高度的障碍灯数目及排列,应能从各个方位都能看到该物体或物体群轮廓,并且考虑障碍灯的同步闪烁,以达到明显的警示作用。

项目评价

项目评价见表 1-1-1。

表 1-1-1　项 目 评 价

序号	内容	评价标准	扣分点	得分
1	了解照明领域的发展状况(25 分)	(1) 能描述电气照明的 4 个主要发展阶段,每少一个或错一个扣 2 分 (2) 能简单描述我国照明领域的情况,每少一个或错一个扣 2 分 (3) 能简单描述国外照明领域的情况,每少一个或错一个扣 2 分		

序号	内容	评价标准	扣分点	得分
2	了解常用 LED 灯具 (40分)	(1) 知道灯具光源的分类,每少一个或错一个扣 1 分 (2) 熟悉常见 LED 灯具灯头的结构及使用场合,每少一个或错一个扣 2 分 (3) 能简单介绍典型 LED 灯具的结构、工作原理及使用场合,每少一个或错一个扣 2 分		
3	了解照明线路的应用领域(25分)	(1) 能简述室内照明 5 种使用场合的照明要求,每少一个或错一个扣 2 分 (2) 能简述工厂与工地照明实际情况和布置合理的要求,每少一个或错一个扣 1 分 (3) 能简述两种特殊照明场合的具体要求,每少一个或错一个扣 2 分		
4	了解我国在照明领域的成果(10分)	(1) 知道我国照明行业进入新阶段转型的情况,每少一个或错一个扣 1 分 (2) 知道我国进入照明行业快速发展阶段的成果,每少一个或错一个扣 1 分		
5	总评			

知识拓展

近年来,我国照明产业蓬勃发展,科技成果不断涌出,创新能力显著增强,特别是进入半导体照明时代,产品和技术与国际发达国家的差距正在不断拉近,在某些领域,已经达到国际先进水平。照明行业已经进入新的阶段,渠道的变革、景观照明工程领域建设方式的改变、智慧城市的建设、5G 的推进等,引发照明行业全面转型。

我国照明市场 2009 年开始进入高速发展阶段,经过十多年的发展,我国的照明产业得到进一步整合,目前已形成广东、浙江、江苏、福建、上海五大主要产区,五省市的企业数量达到业内企业总数的 90% 以上,且产品类型也各具特色,其中:广东主要以室内照明灯具为主,家用类灯具主要集中在中山和东莞,其他地区如佛山地区、惠州等以光源、灯盘、支架、筒(射)灯具为主,在国内市场中份额占有较大比例;浙江、江苏、上海主要以室外灯具和光源为主。目前我国已形成照明产品生产厂家众多、行业集中度不高的竞争格局。我国已成为全球最大的照明电器生产国和出口国,产品远销全球 200 多个国家和地区,在全球的市场占有率已超过 50%。

随着照明节能技术不断提高,光源品种与应用领域的更新换代,旨在提高照明效率、照明质量、照明安全的绿色照明项目在全球范围内方兴未艾、蓬勃发展,受到各国政府的普遍关注。目前,实施"绿色照明"已成为众多国家实现节能减排、保护环境的重要一环。

项目总结

一、照明领域概述

1. 电气照明主要分为白炽灯阶段、荧光灯阶段、节能灯阶段和 LED 灯阶段。

2. 我国是照明产品生产大国。随着科技的不断进步,照明领域的产品也在经历快速的更新换代,照明趋向智能物联化和生态健康化方向发展。

二、常见的灯具

1. 按照光源分,可分为 LED 光源和传统光源。

2. LED 灯具一般可分为户外照明、景观照明、室内照明、特种照明 4 大类。

3. 灯头是灯具不可缺少的组成部件,常见的灯头有 MR16、GU10、E14/E27、B22、G24 等。

三、照明线路根据不同的应用场合一般分为室内照明、工厂和工地照明以及特殊照明

复习与思考

一、填空题

1. 节能灯是指将(   )与(   )组合成一个整体的照明设备。

2. 与传统照明技术相比,LED 灯的最大区别是(   )和(   )不同,它是一种能够将电

能转化为可见光的（　　　）。

3. 灯具按照光源分,可分为（　　　）和（　　　）。

4. LED 的能源转化方式为:（　　　）直接转化为（　　　）。

5. LED 照明灯具一般可分为（　　　）、（　　　）、室内照明、特种照明 4 大类。

6. LED 半导体晶片由两部分组成,一端是（　　　　　　）,其中空穴占主导地位,另一端是（　　　　　　）,其中电子占主导地位。

7. E14 灯头,E 代表（　　　）,字母后的数字代表（　　　　　）尺寸（mm）,E14 是（　　　）螺口灯头。

8. LED 筒灯主要由（　　　）、（　　　）、智能驱动芯片、PBT 阻燃塑壳、（　　　）5 部分组成。

9. 在工厂和工地布置的照明方式一般可分为（　　　）、局部照明、混合照明、（　　　）和应急照明。

10. LED 水下灯产品在加工生产安装的过程中要采用一定的（　　　　　　）。

二、选择题（不定项）

1. 下列属于 LED 景观照明的是（　　　）。

A. 路灯　　　　　　B. 地埋灯　　　　　　C. 草坪灯　　　　　　D. 水下灯

2. LED 投光灯主要由（　　　）组成。

A. 光学部件　　　B. 支架　　　　　　C. 机械部件　　　　　D. 电气部件

3. 一般工矿灯主要由（　　　）组成。

A. 铝合金外壳　　B. 恒流电源　　　　C. 导热硅胶　　　　　D. LED 灯芯

4. 水下灯一般为 LED 光源,具有（　　　）特点。

A. 节能　　　　　　B. 环保　　　　　　C. 寿命长　　　　　　D. 体积小

5. 下列属于特殊照明领域的是（　　　）。

A. 家庭照明　　　B. 矿井照明　　　　C. 障碍照明　　　　　D. 工厂照明

三、判断题

1. 1850 年,英国物理学家约瑟夫·斯万创造了一个"灯"——包围碳化纸丝的真空玻璃球。

（　　　）

2. 节能灯利用低气压的汞蒸气在通电后释放紫外线,从而使荧光粉发出可见光的原理发光,因此它属于低气压弧光放电光源。

（　　　）

3. LED 属于全固体冷光源,体积更小,质量更轻,结构更坚固,而且工作电压低,使用寿

命长。 （　　）

4. LED 筒灯、LED 射灯、LED 投光灯等,都属于 LED 光源类灯具产品。 （　　）

5. LED 光源的发光原理是利用物体受热产生热辐射发光的原理实现的。 （　　）

6. G24 属于螺旋式灯头。 （　　）

7. 好的 LED 投光灯射程比普通的射程近,覆盖范围也较窄。 （　　）

8. LED 水下灯色彩多样,可选择七彩变色。 （　　）

9. LED 为冷光源,光线中不含紫外线。 （　　）

10. 我国矿井中的固定式照明电源一般为 127 V。 （　　）

四、简答题

1. LED 灯具的分类有哪些?

2. 简述 LED 筒灯的发光原理。

3. 简述 LED 投光灯的优点。

4. 结合现实生活阐述工厂和工地照明的应用。

5. 矿井照明的基本要求是什么?

第 2 单元
电工作业基本常识

　　电,与人们的日常生活密切相关,但同时电也具有很大的危险性,所以了解一些用电安全知识是非常必要的。本单元将为大家介绍安全用电常识,其中包括触电伤害的种类、触电方式、触电急救方法、安全用电防护措施。通过学习,可以使大家掌握一定的应对和预防触电的方法。

　　理论学习是为了能更好地实践,同时也为了能给后面的实践环节打好基础,本单元中万用表的使用和兆欧表的使用是学习的重点。

　　图 2-0-1 所示是一名电工技术人员在测量用电设备是否有电。

图 2-0-1　测量用电设备是否有电

项目 2　安全用电常识

项目目标

1. 了解安全用电常识,提升用电安全意识。
2. 了解触电的种类和触电方式。
3. 了解跨步电压触电和碰壳故障触电。

项目描述

电为人们的生活提供了方便,同时电也存在着危险,为了确保安全用电,首先要对电有所了解。

我国规定安全电压额定值的等级为 42 V、36 V、24 V、12 V、6 V。如手提照明灯、危险环境的携带式电动工具,应采用 36 V 安全电压;金属容器内、隧道内、矿井内等工作场合,狭窄、行动不便及周围有大面积接地导体的环境,应采用 24V 或 12 V 安全电压,以防止因触电而造成人身伤害。

项目实施

任务 1　触电的种类

触电是指电流通过人体时,对人体产生的生理和病理伤害。这种伤害是多方面的,分为电击和电伤两种类型。

1. 电击

电击是指电流通过人体所造成的内伤。它可以造成发热、发麻、神经麻痹,使肌肉抽搐、内部组织损伤,严重时将引起昏迷、窒息,甚至心脏停止跳动、血液循环终止而死亡。

电击是触电事故中最危险的一种。通常所说的触电,大多指的是电击,绝大部分触电死亡事故都是电击造成的。图2-2-1所示为一起电击事故。

图 2-2-1 电击事故

2. 电伤

电伤是指电流的热效应、化学效应或机械效应对人体外部造成的局部伤害,常常与电击同时发生。最常见的电伤有以下3种情况。

（1）电烧伤

一般有接触灼伤和电弧灼伤2种,接触灼伤多发生在高压触电事故时电流通过人体皮肤的进出口处,灼伤处呈黄色或褐黑色并危及皮下组织、肌腱、肌肉、神经和血管,甚至使骨骼显碳化状态,一般治疗期较长。电弧灼伤多是由于带负荷拉、合刀闸,或带地线合闸时产生的强烈电弧引起的,其情况与火焰烧伤相似,会使皮肤发红、起泡,烧焦组织并使其坏死。

图2-2-2所示为一起电烧伤事故。

（2）电烙印

电烙印发生在人体与带电体有良好接触,但人体不被电击的情况下,在皮肤表面留下和接触带电体形状相似的肿块瘢痕,一般不发炎或化脓。瘢痕处皮肤失去原有弹性、色泽,表皮坏死,失去知觉。图2-2-3所示为一起电烙印事故。

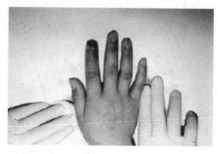

图 2-2-2 电烧伤事故

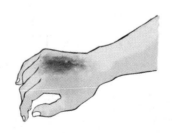

图 2-2-3 电烙印事故

（3）皮肤金属化

皮肤金属化是指由于高温电弧使周围金属熔化、蒸发并飞溅渗透到皮肤表层。皮肤金属化后，皮肤表面粗糙、坚硬。根据熔化的金属不同，皮肤呈现不同颜色，一般铅呈现灰黄色，紫铜呈现绿色，黄铜呈现蓝绿色，金属化后的皮肤经过一段时间能自行脱落，不会有不良后果。

图 2-2-4 所示为一起皮肤金属化事故。

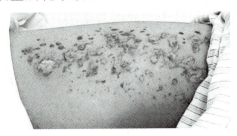

图 2-2-4　皮肤金属化事故

此外，发生触电事故时，常常伴随高空摔跌，或由于其他原因所造成的纯机械性创伤，这虽与触电有关，但不属于电流对人体的直接伤害。

任务 2　触 电 方 式

人体触电的方式多种多样，主要可分为直接接触触电和间接接触触电。此外，还有高压电场、高频电磁场、静电感应、雷击等对人体造成的伤害。

1. 直接接触触电

人体直接触及或过分接近电气设备及线路的带电导体而发生的触电现象称为直接接触触电。单相触电、两相触电、电弧烧伤都属于直接接触触电。

直接接触触电示意图如图 2-2-5 所示。

图 2-2-5　直接接触触电示意图

2. 间接接触触电

电气设备在正常运行时，其金属外壳或结构是不带电的。但当电气设备绝缘损坏而发生接地短路故障(俗称"碰壳"或"漏电")时,其金属外壳结构便带有电,此时人体触及就会发生触电,这种触电方式称为间接接触触电。跨步电压触电、接触电压触电都属于间接接触触电。

间接接触触电示意图如图 2-2-6 所示。

图 2-2-6　间接接触触电示意图

3. 高压电场对人体的伤害

在超高压输电线路和配电装置周围存在着强大的电场。处于电场内的物体会因静电感应作用而带有电压。当人体触及这些带有感应电压的物体时,就会有感应电流通过人体,从而可能对人体造成伤害。

4. 高频电磁场对人体的危害

频率超过 0.1 MHz 的电磁场称为高频电磁场,人体吸收高频电磁场辐射的能量后,器官组织及其功能将受到损伤。其主要表现为神经系统功能失调,其次出现较明显的心血管症状。电磁场对人体的危害是积累的,脱离接触后,症状会逐渐消失,但在高强度磁场作用下长期工作,一些症状可能持续成痼疾,甚至遗传给后代。

5. 静电的危害

金属物体受到静电感应及绝缘体间的摩擦是产生静电的主要原因。静电的特点是电压高,有时可高达数万伏,但能量不大。发生静电电击时,触电电流往往瞬间即逝,一般不会有生命危险。但受静电瞬间电击会使触电者从高处坠落或摔倒,造成二次伤害。静电的主要危害是其放电火花或电弧引燃或引爆周围物质,引起火灾和爆炸事故。

6. 雷电的危害

雷击是一种自然灾害,其特点是电压高、电流大,作用时间短。雷击除了能毁坏建筑设施及引起人畜伤亡外,在易产生火灾和爆炸的场所,还可能引起火灾和爆炸事故。

任务 3　触电急救方法

人体触电之后,会出现神经麻痹、呼吸中断、心跳停止、昏迷不醒等症状,这时应迅速而持久地进行抢救。实践证明,触电后 1 min 开始救治,90% 有良好的效果;触电 12 min 后开始救治,抢救成功的可能性非常小。

触电急救抢救步骤:

1. 立即切断电源

① 关闭电源总开关。当电源开关离触电地点较远时,可用绝缘工具(如绝缘手钳、干燥木

柄的斧等)将电线切断,切断的电线应妥善放置,以防再次接触。

② 当带电的导线误落在触电者身上时,可用绝缘物体(如干燥的木棍、竹竿等)将导线移开,也可用干燥的衣服、毛巾、绳子等拧成带子套在触电者身上,将其拉出,如图 2-2-7 所示。注意在操作过程中一定要注意自身安全。

③ 救护人员注意穿上胶底鞋或站在干燥的木板上,使伤员脱离电源。高压线需移开 10 m 方能接近伤员。

2. 当触电者脱离电源后,应根据其不同的生理反应进行现场急救

图 2-2-7　用木棍移开落在触电者身上的导线

① 触电者神志清醒,但心慌、呼吸急迫、面色苍白时,应使触电者平躺,就地安静休息,不要使其走动,以减轻心脏负担,同时,严密观察触电者的呼吸和脉搏的变化。

② 触电者神志不清,有心跳但呼吸停止或呼吸极微弱时,应及时压头抬颌,使气道开放,并进行口对口人工呼吸抢救。此时,如不及时进行人工呼吸,触电者将会因缺氧过久而引起心跳停止。

口对口人工呼吸抢救法如图 2-2-8 所示。

图 2-2-8　口对口人工呼吸抢救法

图 2-2-9　胸外心脏按压抢救法

③ 触电者神志丧失、心跳停止、呼吸极微弱时,应立即进行心肺复苏急救。不能认为有极微弱的呼吸就只做胸外按压,因为这种微弱的呼吸起不到气体交换的作用。心肺复苏急救中的两个重要环节就是人工呼吸和胸外心脏按压。

胸外心脏按压抢救法如图 2-2-9 所示。

④ 触电者心跳、呼吸均停止时,应立即进行心肺复苏急救,在搬移或送往医院途中仍应按心肺复苏急救的规定进行有效的急救。

⑤ 触电者心跳、呼吸均停止,伴有其他伤害时,应先迅速进行心肺复苏急救,然后再处理外伤。伴有颈椎骨折的触电者,在开放气道时,应使头部后仰,以免引起高位截瘫。

⑥ 已恢复心跳的伤员,不可随意搬动,应等医生到达或伤员完全清醒后再搬动,以防再次发生心室颤动而导致心脏停搏。

任务 4　安全用电防护措施

一、安全用电防护措施

① 用电线路及电气设备绝缘必须良好,灯头、插座、开关等的带电部分绝对不能外露,以防触电。

② 不要私拉乱接电线,以防触电或发生火灾,如图 2-2-10 所示。

③ 熔丝选用要合理,切忌用铜丝、铝丝或铁丝代替,以防发生火灾,如图 2-2-11 所示。

图 2-2-10　私拉乱接电线

某地突发火灾,调查后发现用铜丝代替了熔丝

图 2-2-11　不可用铜丝代替熔丝

④ 不要站在潮湿的地面上移动带电物体或用湿抹布擦拭带电的家用电器,以防触电,如图2-2-12 所示。

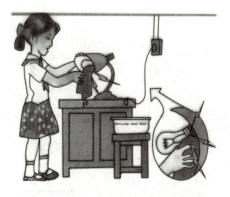

图 2-2-12　不能用湿抹布擦拭带电台灯

⑤ 所使用的家用电器如电冰箱、电冰柜、洗衣机等,应按产品使用要求,接到装有接地线的插座中。

⑥ 检修或调换灯头,即使开关断开,也切忌用手直接触及,以防触电。

⑦ 如遇电器发生火灾,要先切断电源,切忌直接用水扑救,以防触电,如图 2-2-13 所示。

电器发生火灾时,先切断电源,再用灭火器灭火,不可用水扑救

图 2-2-13　电器火灾抢救办法

⑧ 发现有人触电,应先设法断开电源(如在高处触电,还要采取防止触电者跌落受伤的措施),然后再进行急救,如图 2-2-14 所示。

此人发生触电事故

应先立即切断电源,再实施抢救

图 2-2-14　触电处理办法

⑨ 如发现电线断落,不要靠近,要派人看守,并尽快通知供电部门进行处理,如图 2-2-15 所示。

发现电线断开

在此看守,并通知供电部门处理

图 2-2-15　电线断落处理办法

⑩ 若发现有人被电线压住并发生触电,千万不要用手去拉触电人,应先断开电源开关,再用干燥木棍或干燥竹竿挑开压在人身上的电线,然后用正确的人工呼吸或胸外心脏按压法进行现场急救。

二、电工安全技术操作规程

① 上岗时必须穿戴好规定的防护用具,一般不允许带电作业,如图 2-2-16 所示。

② 工作前应详细检查所用工具是否安全可靠,了解场地、环境情况,选好安全工作位置。

③ 各项电气工作要认真严格执行"装得安全、拆得彻底、检查经常、修理及时"的规定。

④ 在线路、设备上工作时要切断电源,并挂上警告牌,验明无电后才能进行工作,如图 2-2-17所示。

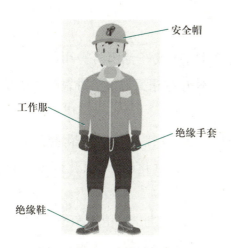

图 2-2-16 穿戴防护用具

图 2-2-17 悬挂警告牌

⑤ 不准无故拆除电气设备上的熔丝及过负荷继电器或限位开关等安全保护装置。

⑥ 机电设备安装或维修完工后,在正式送电前必须仔细检查绝缘电阻及接地装置和传动部分防护装置,使之符合安全要求。

⑦ 发生触电事故应立即切断电源,并采用安全、正确的方法立即对触电者进行解救和抢救。

⑧ 装接灯头时开关必须控制相线;临时线敷设时应先接地线,拆除时应先拆相线。

⑨ 在使用电压高于 36 V 的手电钻时,必须戴好绝缘手套,穿好绝缘鞋。使用电烙铁时,安放位置不得有易燃物或靠近电气设备,用完后要及时拔掉插头。

⑩ 工作中拆除的电线要及时处理好,带电的线头必须用绝缘胶带包扎好,如图 2-2-18 所示。

⑪ 高空作业时应系好安全带。扶脚梯应有防滑措施。

图 2-2-18　用绝缘胶带包扎电线接头

⑫ 登高作业时,工具、物品不准随便向下扔,须装入工具袋内吊送或传递。地面上的人员应戴好安全帽,并离开施工区 2 m 以外。

⑬ 雷雨或大风天气,严禁在架空线路上工作。

⑭ 低压架空带电作业时应有专人监护,使用专用绝缘工具,穿戴好专用防护用品。

⑮ 低压架空带电工作时,人体不得同时接触两根线头,不得在未采取绝缘措施的导线之间穿越。

⑯ 在带电的低压开关柜(箱)上工作时,应采取防止相间短路及接地等安全措施。

⑰ 当电器发生火灾时,应立即切断电源。在未断电前,应用四氯化碳、二氧化碳或干砂灭火,严禁用水或普通酸碱泡沫灭火器灭火。

⑱ 配电间严禁无关人员入内。外单位参观时必须经有关部门批准,由电气操作人员带入。倒闸操作必须由专职电工进行,复杂的操作应由两人进行:一人操作,一人监护。

 项目评价

项目评价见表 2-2-1。

表 2-2-1　项 目 评 价

序号	内容	评分标准	扣分点	得分
1	了解触电伤害的种类(20分)	(1) 知道触电伤害的种类,每少一个或错一个扣 2 分 (2) 知道常见的电伤伤害情况,每少一个或错一个扣 2 分 (3) 能简单描述各种常见电伤伤害,错一个扣 3 分		

序号	内容	评分标准	扣分点	得分
2	熟悉触电方式（20分）	（1）熟悉人体触电的方式,能讲述人体触电的种类,每少一个或错一个扣2分 （2）能简单描述各种人体触电种类的内容,每错一个扣2分		
3	掌握触电急救方式（30分）	（1）讲述触电急救的两大步骤,每少一个或错一个扣3分 （2）讲述发现触电现象后在切断电源环节中的注意事项,每少一处或错一处扣3分 （3）讲述发生触电事故后,当触电者脱离电源后,该如何进行抢救,每少一处或错一处扣3分		
4	学习安全用电防护措施（30分）	（1）简述安全用电防护措施,每错一处或少一处扣1.5分 （2）简述电工安全技术操作规程,每错一处或少一处扣1.5分		
5	总评			

知识拓展

高 压 触 电

一、案例引入

2012 年 4 月 26 日 19 时许,某市村民王小梅在某供电局架设的 11 万千伏高压电线杆之间的自家菜地上搭设瓜棚,在搬动一条长约 5.8 m 的竹竿时,不慎触碰到高压线,当场触电身亡。事故示意图如图 2-2-19 所示。

图 2-2-19 事故示意图

二、案例分析

事发后,市安全生产监督管理局给出调查报告,认定事故的主要原因和直接原因为王小梅安全意识淡薄,不慎触碰高压线,造成触电死亡。同时供电局对高压线路安全管理不到位,对可能发生的事故隐患预防不足,清查治理不及时;此外,宣传教育工作不到位,每次宣传都是面上宣传,没有深入村庄,老百姓根本不知道 11 万千伏的高压线有放电的特性,这些是事故发生的次要原因和间接原因。

三、案例反思

缺乏电气安全知识是造成触电事故的主要原因。这起事故充分说明,架空线路导线与建筑物、人行道上的树、管道等之间的距离必须大于规定的最小安全距离,不能马虎。从根本上杜绝触电事故的发生,必须在制度上、技术上采取一系列的预防和保护性的措施。

知识拓展

跨步电压触电

一、案例引入

某日下午,辽宁某建筑工程公司瓦工张某、曹某和力工吕某,三人一组负责室内西墙抹灰,由北向南作业,其中吕某负责和灰并给张某和曹某倒勺。15 时 30 分移到靠近西墙大门北侧时,张某、曹某上到跳板上等吕某给倒勺(跳板距地面高度为 2 m),吕某站在灰槽的南侧和灰(灰槽直径为 600 mm,高度为 350 mm)。附近的施工人员突然听到吕某"啊"的一声惨叫,随后便倒在灰槽南侧,呼吸急促、神志不清,随即被抬到室外。电工张某口对口实施人工呼吸抢救,急救车来后将其送到医院,经抢救无效死亡。除吕某右手掌外缘留有电击痕迹外,未见其他痕迹。

触电事故发生时,吕某所在的操作位置有两处电源。一处为西墙正式照明开关预留孔,此孔距地面高度为 1.4 m,距西墙大门约 400 mm,5 根硬胶质线(2 根红色、3 根绿色)从孔的墙上埋管穿出,截头裸露,线路安装了控制开关,送电后红色胶质线显示带电。另一处沿灰槽与西墙(灰槽距西墙大约 400 mm)之间拖地敷设一根临时照明软电缆。当天在室内的施工单位只有建筑工程公司,施工人员一致认定吕某触电,但都说没看见触电。那么,吕某究竟触及了哪一处电源呢?

二、案例分析

经调查分析,发现吕某发生事故时有以下 3 个不安全因素:

① 吕某作业时脚下有一沿灰槽与西墙之间拖地敷设软电缆的接头,其接头处用黑色绝缘胶布包扎,陈旧老化松弛,表面沾有水泥痕迹。用普通验电笔测试接头包扎处表面显示带电;用液晶数字验电笔测试包扎缝隙,其中一端显示电压 220 V,即存在物的不安全状态。

② 室内地面潮湿,局部积水,电缆拖地敷设接头处受潮,即存在环境的不安全因素。

③ 死者吕某作业时脚穿布底鞋,受潮失去绝缘能力,即存在人的不安全因素。

根据上述环境的不安全因素、人的不安全因素以及物的不安全状态等事故要素,综合分析认为:由于吕某作业时,脚接近或触及电缆接头漏电处,两脚之间形成跨步电压,电流流经双脚将其击倒。倒地后裸露右手着地,脚与手之间又形成了新的闭合回路,即存跨步电压,然后部分电流又流经右手对地放电。因此,吕某跨步电压触电死亡的可能性极大。

三、案例反思

缺乏安全用电知识,后果严重。要重视安全用电知识教育,避免类似触电事故的发生。跨步电压还可能发生在其他一些场合,例如防雷点、下雨天的大树下等。切勿走近坠落在地面上的高压电线,万一高压电线断落在身边或已经进入跨步电压区域时,要立即用单脚或双脚并拢迅速跳到 10 m 开外的地区,千万不可奔跑,以防跨步电压触电。

知识链接

跨步电压触电

1. 跨步电压触电的概念

当带电的电线掉在地上时,以电线落地的一点为中心画许多同心圆,这些同心圆之间都有不同的电位,这种电位差称为跨步电压。如果此时人走在接地点附近,人的两脚就站在具有不同电位的点上,两脚之间存在电位差,电流就会通过人体而流入地下,因这种现象造成的触电事故,称为跨步电压触电事故。跨步电压触电示意图如图 2-2-20 所示。

2. 跨步电压触电危害

人受到跨步电压时,电流虽然是沿着人的下身,从脚经腿、胯部又到脚,与大地形成通路,没有经过人体的重要器官,好像比较安全,但是实际并非如此。因为人受到较高的跨步电压作用时,双脚会抽筋,使身体倒在地上。这不仅使作用于身体上的电流增加,而且使电流经过人体的路径改变,电流完全可能流经人体的重要器官,如从头到手或脚。经验表明,人倒地后电流在体内持续作用 2 s,这种触电就会致命。

跨步电压触电一般发生在高压电线落地时,但对低压电线落地也不可麻痹大意。根据试验,当牛站在水田里时,如果前后脚之间的跨步电压达到 10 V 左右,牛就会倒下,电流常常会流经它的心脏,触电时间长了,牛会死亡。

3. 跨步电压触电处理办法

处理办法是当一个人发觉有跨步电压威胁时,应赶快把双脚并在一起,然后马上用一条腿或两条腿跳离危险区。

图 2-2-20　跨步电压触电示意图

知识拓展

碰壳故障触电

一、案例引入

某建筑工地,工人们正在进行水泥圈梁的浇灌。突然,搅拌机附近有人大喊:"有人触电了。"只见在搅拌机进料斗旁边的一辆铁制手推车上趴着一个人,地上还躺着一个人。当人们把搅拌机附近的电源开关断开后,看到趴在手推车上的那个人的手心和脚心穿孔出血,已经死亡。与此同时,人们对躺在地上的那个人进行了人工呼吸抢救,伤者神志慢慢恢复。

二、案例分析

事故发生后,有关人员马上对事故进行了调查,从事故现象看,显然是搅拌机带电引起的。当合上搅拌机的电源开关时,用验电笔测试搅拌机外壳不带电;当按下搅拌机的起动按钮时,再用验电笔测试设备外壳,氖泡很亮,表明设备外壳带电,用万用表交流电压挡测得设备外壳对地电压为 195 V。经仔细检查,发现电磁启动器出线孔的橡胶圈变形移位,一根绝缘导线的橡胶磨损,露出铜线,铜线与铁板相碰。检查中,又发现搅拌机没有接地保护线,其 4 个橡胶轮离地约 300 mm,4 个调整支承脚下的铁盘在橡皮垫和方木上方,进料斗落地处有一些竹制脚手板,整个搅拌机对地几乎是绝缘的。死者穿布底鞋,双手未戴手套,两手各握一个铁把;因夏季天热,又是重体力劳动,死者双手有汗,人体电阻大大降低。估计人体电阻为 500~700 Ω,流经人体的电流大于 250 mA。如此大的电流通过人体,死者无法摆脱带电体,导致在很短时间内死亡。另一触电者因单手推车,脚穿的是半新胶鞋,所以尚能摆脱电源,经及时抢救,得以苏醒。

三、案例反思

缺乏电气安全知识,是造成触电事故的主要原因。我们用电时一定不能马虎。一定要遵守电气设备安装、检修、运行规程和安全操作规程,杜绝违章作业。为安全起见,电气设备的金属外壳都应接接地保护线。

知识链接

碰壳故障触电

1. 碰壳故障触电

因电气设备绝缘损坏而发生漏电或击穿时,平时不带电的金属外壳及与之相连的其他金属便带有电压,人体触及这些意外的带电部分时,就有可能发生触电事故,此类事故称为碰壳故障触电。

如图 2-2-21 所示,三相电发生碰壳故障,导致电动机外壳带电,当人触碰电动机外壳时,电流就顺着电动机外壳流入人体,再从人体流入大地构成一个回路,最后导致触电事故发生。

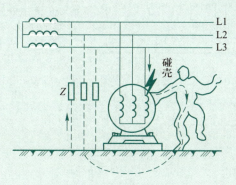

图 2-2-21 碰壳故障触电

2. 保护接地和工作接地

电气设备的某个部分与大地之间作良好的电气连接称为接地。与大地土壤直接接触的金属导体或金属导体组称为接地体;连接电气设备应接地部分与接地体的金属导体称为接地线;接地体和接地线统称为接地装置。电气设备接地的目的主要是为了保护人身和设备的安全,所有设备应按规定进行可靠接地。接地按作用分为保护接地和工作接地。

(1)保护接地

保护接地是指为了保障人身安全,避免发生触电事故,将电气设备在正常情况下不带电的金属部分与大地作电气连接。保护接地适用于中性点不接地的低电网。采用保护接地，仅能减轻触电的危险程度，不能完全保证人身安全。

在图 2-2-22 中，电气设备的某一相发生碰壳时，接地电流 I_d 通过人体和电网的对地绝缘阻抗形成回路，如果各相对地绝缘电阻相等，则接地电流 I_d 和设备对地电压 U_d（即人体触及电压）为 $U_d = I_d R_b$（R_b 是人体电阻），从而发生触电事故。

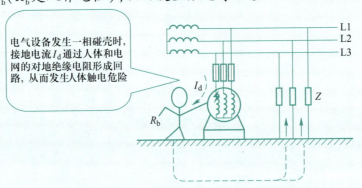

图 2-2-22　中性点不接地供电系统的危险性

为了解决上述可能出现的危险，可采取图 2-2-23 所示的保护接地措施。

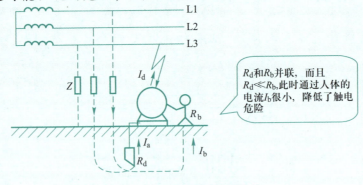

图 2-2-23　保护接地措施

（2）保护接地电阻的确定

保护接地就是利用并联电路中的小电阻（接地电阻 R_d）对大电阻（人体电阻 R_b）的强分流作用，将漏电设备外壳的对地电压限制在安全范围以内，由此来确定接地电阻，各种保护接地电阻的阻值就是根据这一原理确定的。

按国家有关规定：容量为 100 kV·A 以上的变压器，其接地电阻值不应大于 4 Ω，容量为 100 kV·A 及以下的变压器，其接地电阻不应大于 10 Ω。

高压系统按单相接地短路电流的大小，可分为大接地短路电流（其值大于 500 A）系统与小接地短路电流（其值不大于 500 A）系统。小接地短路电流系统接地电阻 R_d 不超过 10 Ω，大接地短路电流系统接地电阻不超过 0.5 Ω。

（3）工作接地

电力系统中，由于运行和安全的需要，为保证电力网在正常情况下或事故情况下能安全可靠地工作，将三相四线制供电系统中变压器低压侧中性点的接地称为工作接地。接地后的中性点称为零点，中性线称为零线。工作接地提高了变压器工作的可靠性，同时也可以降低高压窜入低压的危险性，如图 2-2-24 所示。

（4）重复接地

在三相四线制保护接零电网中，除了变压器中性点的工作接地之外，将零线的一处或多处通过接地装置与大地再次连接称为重复接地，如图 2-2-25 所示。重复接地可以减小漏电设备外壳的对地电压，减轻触电危险，它是保护接零系统中不可缺少的安全技术措施。

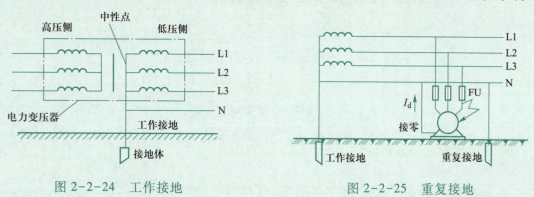

图 2-2-24　工作接地　　　　　　　图 2-2-25　重复接地

3. 保护接零

（1）保护接零

保护接零指的是把电气设备的金属外壳和电网的中性线 N 可靠连接，以保护人身安全的一种用电安全措施，其中中性线 N 直接与大地有良好的电气连接，如图 2-2-26 所示。

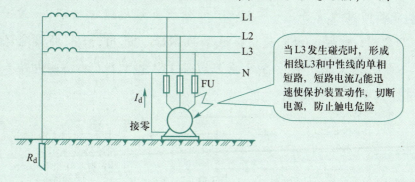

当 L3 发生碰壳时，形成相线 L3 和中性线的单相短路，短路电流 I_d 能迅速使保护装置动作，切断电源，防止触电危险

图 2-2-26　保护接零

在电压低于 1 000 V 的接零电网中，若电气设备因绝缘损坏或意外情况而使金属外壳带电，形成相线对中性线的单相短路，则线路上的短路保护装置（空气断路器或熔断器）迅速动作，切断电源，从而使电气设备的金属部分不会长期存在危险电压，保证人身安全。

在中性点接地系统中，如果电气设备采用保护接地，当电气设备发生单相碰壳时，则不能很好地起到保护作用，易发生触电事故，如图2-2-27所示。这是因为当保护接地的设备外壳带电时，如接地电阻R_d较大，故障电流I_d不足以使短路保护装置动作，则中性线上一直存在电压$U_0 = R_d I_d$，此时，漏电设备的外壳上将呈现电压U_0，当人触及时就会发生触电危险。

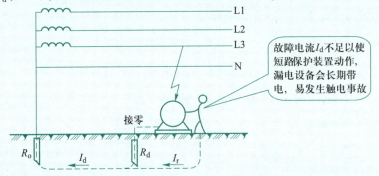

图 2-2-27　接地电网中单纯保护接地的危险性

漏电电流（故障电流）一般不会使短路保护装置动作，漏电设备会长期带电，人若触及漏电设备外壳易发生触电事故。在供电系统中必须加装漏电断路器，当设备发生漏电时，会自动切断电源。

漏电断路器是一种高灵敏度的控制电器，它不仅能有效地保护人身和设备安全，而且还能监测电气线路设备的绝缘。漏电断路器具有短路、过载、漏电和欠电压的保护功能。在供电线路和电气设备上加装漏电断路器，当其电气绝缘损坏或发生漏电时，漏电断路器可及时动作切断电源，保护人身安全。

（2）接地和接零保护不能混用

在同一电源供电的电气设备上，不允许一部分设备采用保护接零，而另一部分设备采用保护接地，如图2-2-28所示。如果发生接地和接零保护混用，当采用接地保护的设备发生碰壳事故时，在全部的接零保护的设备外壳上均带1/2相电压（设接地电阻和接零电阻阻值一样），因此采用混接是十分危险的。

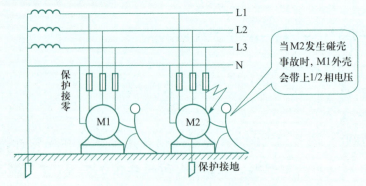

图 2-2-28　接地和接零混用的危险

项目总结

一、触电伤害的种类

1. 人身直接接触电源,简称触电。触电对人体产生的生理和病理伤害,分为电击和电伤两种类型。

2. 电击是指由于电流通过人体时所造成的内伤。

3. 电伤是指电流的热效应、化学效应或机械效应对人体外部造成的局部伤害,常常与电击同时发生。电伤的常见情况有:电烧伤、电烙印、皮肤金属化。

二、触电方式

1. 人体触电主要可分为直接接触触电和间接接触触电。此外,还有高压电场、高频电磁场、静电感应、雷击等对人体造成的伤害。

2. 直接接触触电是指人体直接触及或过分接近电气设备及线路的带电导体而发生的触电现象。单相触电、两相触电、电弧烧伤都属于直接接触触电。

3. 间接接触触电是指当电气设备绝缘损坏而发生接地短路故障(俗称"碰壳"或"漏电")时,其金属外壳结构便带有电,此时人体触及就会发生触电的现象。跨步电压触电、接触电压触电都属于间接接触触电。

三、触电急救

1. 人触电时应立即进行抢救,一般触电后 1 min 开始救治,90% 有良好的效果;触电 12 min 后开始救治,抢救成功的可能性非常小。

2. 触电急救的步骤:首先立即切断电源,使人远离带电导体。然后根据情况采用合适的心肺复苏法进行抢救。

四、安全用电防护措施

具体的安全用电防护措施和电工安全技术操作规程的本质是要有安全意识，时刻注意安全用电，不可粗心大意，还要掌握一定的处理突发触电事故的能力。

复习与思考

一、选择题（不定项）

1. 下列属于直接接触触电的有（   ）。

A. 单相触电   B. 跨步电压触电   C. 两相触电   D. 电弧烧伤

2. 人体触电方式很多，除了直接接触触电和间接接触触电以外，还有（   ）会对人体造成伤害。

A. 静电感应   B. 高压电场   C. 雷击   D. 高频电磁场

3. 常见的电伤有（   ）。

A. 电烧伤   B. 电击   C. 电烙印   D. 皮肤金属化

4. 触电（   ）以后开始救治效果最好。

A. 2 min   B. 6 min   C. 1 min   D. 12 min

5. 心肺复苏急救中两个重要环节是（   ）。

A. 人工呼吸   B. 呼吸纯氧   C. 胸外心脏按压   D. 挂盐水

6. 家用电器发生火灾时，抢救顺序是（   ）。

A. 先切断电源，再用水灭火   B. 先用水灭火，再切断电源

C. 先切断电源，再用灭火器灭火   D. 先用灭火器灭火，再切断电源

7. 电工上岗时要穿的防护用具有（   ）。

A. 工作服   B. 安全帽   C. 绝缘手套   D. 绝缘鞋

二、判断题

1. 电击对人体造成的伤害不严重。   （   ）

2. 电伤是指电流的热效应、化学效应或机械效应对人体外部造成的局部伤害。   （   ）

3. 皮肤金属化后,皮肤表面粗糙、坚硬,而且皮肤金属化之后皮肤不会复原。　　　(　)

4. 人体触电主要可分为直接接触触电和间接接触触电。　　　(　)

5. 电弧烧伤属于间接接触触电。　　　(　)

6. 当人体发生触电后,应立即把人拉离电源。　　　(　)

7. 触电者心跳、呼吸均停止时,就可判断触电者已死亡,不用对其进行抢救了。　　　(　)

8. 熔丝选用要合理,必要时可以用铜丝、铝丝或铁丝代替。　　　(　)

9. 如遇电器发生火灾,要先切断电源来抢救,切忌直接用水扑灭,以防触电。　　　(　)

10. 在使用额定电压为 42 V 的手电钻时,可以直接用手拿,不用穿戴安全防护用具。

　　　(　)

三、问答题

1. 简述触电急救的方法。

2. 什么是保护接地?什么是工作接地?两者如何区分?

3. 人体触电有哪几种类型?哪几种方式?请举例说明什么是跨步电压触电。

项目 3　认识常用电工仪器仪表及电工工具

项目目标

1. 了解指针式万用表和数字式万用表的基本功能,掌握指针式万用表测量电阻、电压、电流的方法。

2. 了解兆欧表和电工常用工具的基本功能。

项目描述

在进行电工作业时,需要用到各种各样的电工仪器仪表以及电工工具,如图 2-3-1 所示。

(a) 指针式万用表

(b) 数字式万用表

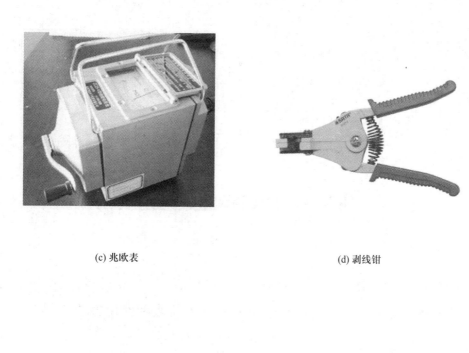

(c) 兆欧表

(d) 剥线钳

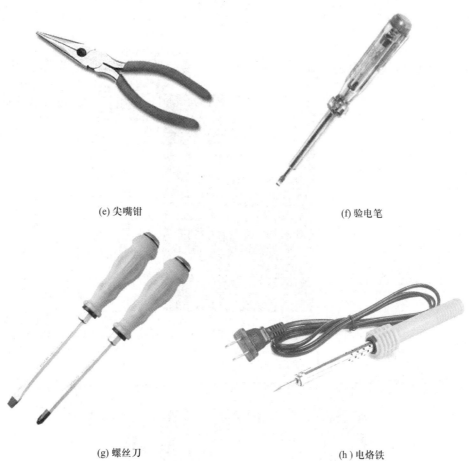

(e) 尖嘴钳

(f) 验电笔

(g) 螺丝刀

(h) 电烙铁

图 2-3-1　常用电工仪器仪表及电工工具

任务 1　认识指针式万用表

指针式万用表是一种用途广泛的常用电气测量仪表,其型号很多,但使用方法基本相同。下面以 MF-47 型普通指针式万用表为例介绍指针式万用表的使用方法。

 任务准备

MF-47 型普通指针式万用表如图 2-3-2 所示,主要分为刻度盘和操作面板两部分。

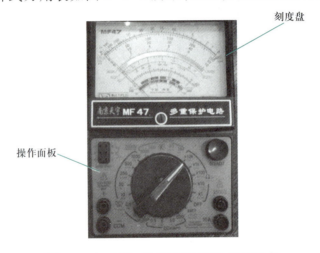

图 2-3-2　MF-47 型普通指针式万用表

1. 刻度盘

MF-47 型普通指针式万用表的刻度盘有 7 条刻度线,如图 2-3-3 所示。

图 2-3-3　刻度盘

每条刻度线的功能和特点见表 2-3-1。

表 2-3-1　刻度线的功能和特点

刻度线	功能	特点
第一条	电阻刻度线	最右端为"0 Ω",最左端为"∞",刻度不均匀
第二条	交直流电压、电流刻度线	最左端为"0",最右端下方标有 3 组数,它们的最大值分别为 250、50 和 10,刻度均匀
第三条	交流 10 V 挡专用刻度线	交流 10 V 量程挡的专用读数标尺
第四条	测三极管电流放大系数专用刻度线	电流放大系数测量范围 0~300,刻度均匀
第五条	电容量读数刻度线	电容量测量范围 0.001~0.3 μF,刻度不均匀
第六条	电感量读数刻度线	电感量测量范围 20~1 000 H,刻度不均匀
第七条	音频电平读数刻度线	音频电平测量范围-10~+22 dB,刻度不均匀

第一条刻度线上标有"Ω",表明该刻度线上的数字为被测电阻值。其刻度最右端为"0 Ω",最左端为"∞",并且刻度不均匀。在未测量时,指针指在最左端"∞"处。

第二条刻度线为交直流电压和直流电流读数的共用刻度线。其刻度最左端为"0",最右端为满刻度值,其量程有 250、50、10 三个挡位,当选择不同挡位时,要将刻度线的最大刻度看做该挡位最大量程数(其他刻度也要相应变化)。例如,当挡位选择开关置于"50 V"挡测量时,指针在刻度线最大刻度处表示测量的电压值为 50 V,而不是 250 V。

第三条为交流 10 V 专用刻度线。在挡位选择开关置于交流 10 V 挡测量时查看该刻度线。

第四条刻度线是测量三极管电流放大系数专用刻度线。在测量三极管电流放大系数时查看该刻度线。

由于指针式万用表主要用来测量电阻、电压、电流和三极管的电流放大系数,而较少测量电感量、电容量和音频电平,因此第五~第七条刻度线较少使用。

2. 操作面板

MF-47 型普通指针式万用表操作面板如图 2-3-4 所示。

① "+" "COM" 插孔:用于插入红(+)、黑(-)表笔。

② "N" "P" 插孔:用于测量三极管的直流电流放大系数,使用时根据 NPN、PNP 型三极管分别插入相应插孔。

③ 2 500 V、10 A 插孔:分别测量 2 500 V 挡的交流电压、10 A 挡直流电流,使用时将红表笔插入该孔内。

④ 电阻调零:使用电阻各量程挡测量电阻时,必须进行电阻调零。方法:将红、黑表笔触

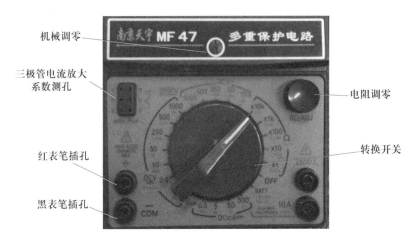

机械调零

三极管电流放大
系数测孔

红表笔插孔

黑表笔插孔

电阻调零

转换开关

图 2-3-4　操作面板

碰(短接)在一起,旋转调零旋钮,使指针指向"0 Ω"处。

⑤ 机械调零:当仪表指针不指在零位时,需用一字形螺丝刀缓缓调节机械调零螺钉,使指针指在零位,即进行机械调零。

⑥ 转换开关:其作用是选择测量的项目和合适的量程。

3. 主要量程

MF-47 型普通指针式万用表主要量程见表 2-3-2。

表 2-3-2　主 要 量 程

测量挡位	量程	测量挡位	量程
直流电流	0~500 mA(分 5 挡) 0~5 A	交流电压	0~1 000 V(分 5 挡) 0~2 500 V
直流电压	0~1 000 V(分 7 挡) 0~2 500 V	直流电阻	0~∞ Ω(分 5 挡)
音频电平	−10~+22 dB	电感	20~1 000 H
h_{FE}	0 dB = 1 mW/600 Ω	电容	0.001~0.3 μF

注意事项:

当采用其他电压挡测量时,可在指示值上加上修正值。

测电感时需加交流 10 V/50 Hz 电压。

测电容时需加交流 10 V/50 Hz 电压。

任务实施

一、操作前的注意事项

① 万用表水平放置。

② 指针调零。指针有偏离时,可用小螺丝刀轻轻转动表头上的指针调节螺钉,使指针指零。

③ 将红表笔插入"+"端插孔,黑表笔插入"−"端插孔,然后进行电阻调零,如图 2−3−5 所示。

图 2−3−5　指针式万用表调零

二、测量电阻器两端的阻值

(1)测量步骤

① 将量程开关置于合适的挡位。

② 将两表笔的金属部分短接。

③ 调节调零旋钮,使指针指向右边的零位,这种调零称为电阻调零(注:表内电池电压降低时指针不能调零,应更换电池)。

④ 将两表笔的金属部分分别接触电阻器的两根金属引线,接触良好,指针向右偏转,如图 2−3−6 所示。

(2)注意事项

① 严禁带电测量电阻。

② 测量前或每次更换挡位时,都要进行电阻调零。

③ 测量电阻时,应选择适当的挡位,使得指针尽可能接近刻度线的几何中心。

④ 测量时不允许手同时触碰被测电阻的两端,以免并联电阻,使得被测电阻阻值减小。

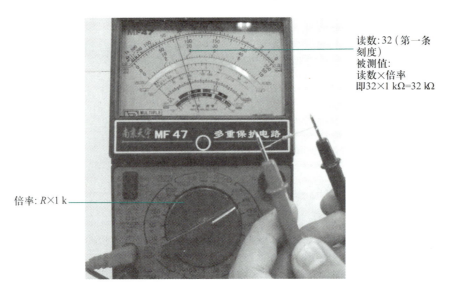

读数:32（第一条刻度）
被测值:
读数×倍率
即32×1 kΩ=32 kΩ

倍率:R×1 k

图 2-3-6　测电阻器两端阻值

⑤ 在每次使用完指针式万用表之后,要将选择开关旋至 OFF 挡。

三、测量直流电压与电流

（1）测量电阻两端电压（如图 2-3-7 所示）

测量步骤:

① 将量程开关置于合适的直流电压挡。

② 将红表笔接直流电压的高电位（正端）,黑表笔接直流电压的低电位（负端）,表笔接触应与负载并联。

③ 看指针指示的格数,读出测量电压值,读数应看第二条刻度线,从左至右（测交流电压时读数为第三条刻度,从左至右）。

图 2-3-7 中万用表的指针读数为"54",挡位是直流 10 V,实际测量电压 $U = 10 \text{ V} \times (54 \div 250) = 2.16 \text{ V}$。

注意事项:

挡位选择恰当,表笔并联接到被测电阻两端,红表笔接高电位,黑表笔接低电位,换挡前请断电。

交流电压的测量方法与步骤和测直流电压方法与步骤一样,读数时的刻度线为刻度盘上的第三条刻度线。

（2）测量直流电流（如图 2-3-8 所示）

测量步骤:

① 将量程开关置于合适的直流电流挡。

② 将红表笔接直流电流的高电位（正端）,黑表笔接直流电压的低电位（负端）,表笔接触应与负载串联。

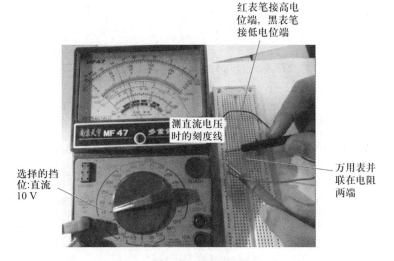

图 2-3-7　测量电阻两端电压

③ 看表针指示的格数,读出测量电流值,读数为第二条刻度,从左至右(测交流电流时读数为第三条刻度,从左至右)。

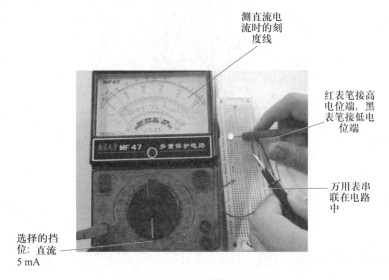

图 2-3-8　测量直流电流

图 2-3-8 中万用表的指针指在"25"的位置,选择的挡位是直流 5 mA,实际测量电流 $I = 5$ mA×(25÷250)= 0.5 mA。

注意事项:

量程开关选择直流电流挡,表笔串接在电路中,正负极性要正确,挡位由大到小,换好挡后再测量。

交流电流的测量方法与步骤和测直流电流方法与步骤一样,读数时的刻度线为刻度盘上的第三条刻度线。

任务 2　认识数字式万用表

目前数字式测量仪表已成为主流,因为数字式仪表灵敏度高,准确度高,显示清晰,过载能力强,便于携带,使用更简单,作为一名电气操作人员必须掌握数字式万用表的使用方法。同样还必须掌握电工常用工具的结构、性能、正确的使用方法和操作规范,这些技能关系到操作人员的工作效率、质量及人身安全。图 2-3-9 所示为 VC890C+数字式万用表。

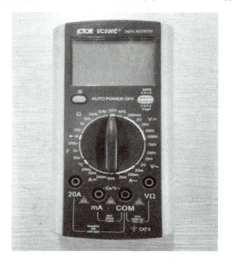

图 2-3-9　VC890C+数字式万用表

任务准备

本项目以 VC890C+数字式万用表为例介绍数字式万用表的使用方法,如图 2-3-10 所示。

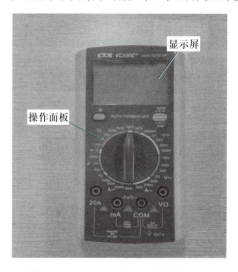

图 2-3-10　显示屏和操作面板

显示屏主要用来显示测量值。操作面板如图 2-3-11 所示。

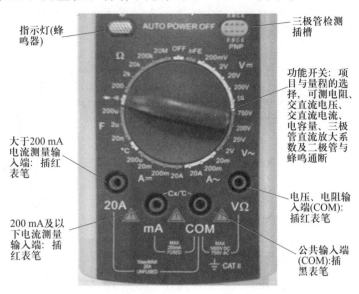

图 2-3-11　操作面板

（1）操作面板介绍

① 功能开关　选择测量项目和合适的量程。

② "COM"插孔　公共输入端。

③ "VΩ"插孔　电压、电阻测量输入端,测量时将红表笔插入该孔内。

④ "mA"插孔　200 mA 及以下电流测量输入端,测量时将红表笔插入该孔内。

⑤ "20 A"插孔　大于 200 mA 电流测量输入端,测量时将红表笔插入该孔内。

⑥ "NPN""PNP"插孔　用于测量三极管的直流电流放大系数,使用时根据 NPN、PNP 型三极管分别插入相应插孔。

⑦ 指示灯（蜂鸣器）　进行断路、通路检测,通路时指示灯会亮并发出鸣叫声,断路时指示灯不亮且没声音。

操作面板上的符号说明见表 2-3-3。

表 2-3-3　符 号 说 明

符号	功能	符号	功能
V～	交流电压测量	⋯	直流
V⋯	直流电压测量	～	交流
A～	交流电流测量	≂	直流或交流
A⋯	直流电流测量	⚠	重要的安全信息
Ω	电阻测量	⚡	可能存在危险的电压

符号	功能	符号	功能
Hz	频率测量	⏚	大地
hFE	三极管测量	▢	双重绝缘保护
F	电容测量	▭	熔丝
℃	温度测量	⊟	电池
▷⊢	二极管测量	CE	符合欧盟相关规定
•)))	通断测量	(MC)	中国制造计量器具许可证

（2）数字式万用表保养注意事项

① 如果无法预先估计被测电压或电流的大小，则应先选择最高量程挡测量一次，再视情况逐渐把量程减小到合适位置。测量完毕，应将量程开关旋至最高电压挡，并关闭电源。

② 满量程时，仪表仅在最高位显示数字"1"，其他位均消失，这时应选择更高的量程。

③ 测量电压时，应将数字式万用表与被测电路并联。测电流时应与被测电路串联，测直流量时不必考虑正、负极性。

④ 当误用交流电压挡测量直流电压，或误用直流电压挡测量交流电压时，显示屏将显示"000"，或低位上的数字出现跳动。

⑤ 禁止在测量高电压（220 V 以上）或大电流（0.5 A 以上）时换量程，以防止产生电弧，烧毁开关触点。

⑥ 在超出 30 V 交流电压均值、42 V 交流电压峰值或 60 V 直流电压时，使用万用表应特别留意，该类电压会有电击的危险。

⑦ 测试电阻、通断性、二极管或电容以前，必须先切断电源，将所有的高压电容放电。

⑧ 使用测试表笔时，手指应当保持在表笔保护盘的后面。

 **任务实施**

一、测量交流电压

如图 2-3-12 所示，测量步骤如下：

① 将黑表笔插入"COM"端口，红表笔插入"VΩ"端口。

② 功能开关旋至交流电压挡，并选择合适的量程。

③ 红表笔接触被测电源相线，黑表笔接触电源中性线，即与被测线路并联。

④ 读出 LCD 显示屏数字。

虽然万用表的型号不同,但是它们的使用方法都是一样的,通过使用不同型号的万用表,可以让同学们对万用表的使用有更深刻的理解。下面的测量任务,我们选用 UT39A 型数字式万用表。

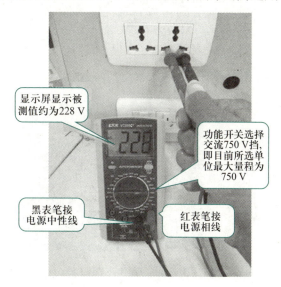

显示屏显示被测值约为228 V

功能开关选择交流750 V挡,即目前所选单位最大量程为750 V

黑表笔接电源中性线

红表笔接电源相线

图 2-3-12　测量交流电压

二、测量直流电压

如图 2-3-13 所示,测量步骤如下:

① 将黑表笔插入"COM"端口,红表笔插入"VΩ"端口。

② 功能开关旋至直流电压挡,并选择合适的量程。

③ 红表笔接触被测电池的正极,黑表笔接触电池的负极,即与被测线路并联。

④ 读出 LCD 显示屏数字。

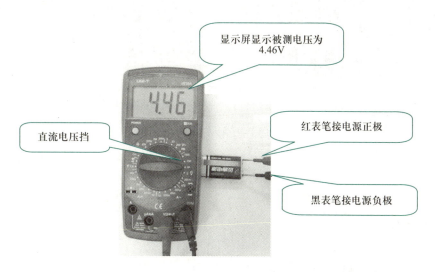

显示屏显示被测电压为4.46V

直流电压挡

红表笔接电源正极

黑表笔接电源负极

图 2-3-13　测量直流电压

三、蜂鸣挡的使用

使用步骤：

① 将黑表笔插入"COM"端口，红表笔插入"VΩ"端口。

② 功能开关旋至蜂鸣挡，如图 2-3-14 所示。

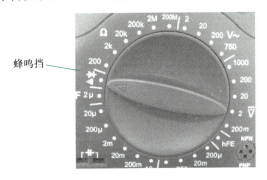

图 2-3-14　万用表蜂鸣挡

③ 红、黑表笔分别同时接触被测物体的两端，即与被测物体并联。

④ 当蜂鸣器发出声音，并且显示屏显示的数字较小时（一般低于 30），则表示被测物体是导通的；如果蜂鸣器没有发出声音，并且显示屏显示数字为"1"，则表示被测物体没有导通，如图2-3-15 所示。

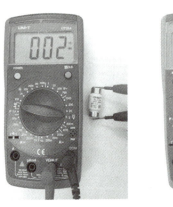

(a) 被测物体导通　　　　　　(b) 被测物体没有导通

图 2-3-15　万用表蜂鸣挡的使用

四、测量电阻

如图 2-3-16 所示，测量步骤如下：

① 将黑表笔插入"COM"端口,红表笔插入"VΩ"端口。

② 功能开关旋至电阻挡,即标有"Ω"符号的挡位,并选用合适的量程。

③ 红、黑表笔分别同时接触被测物体两端,即与被测物体并联。

④ 读出 LCD 显示屏数字。

(a) 量程太小 (b) 量程合适 (c) 量程太大

图 2-3-16 使用不同量程测量同一电阻

注:在测量电阻时要选择一个合适的量程,图 2-3-16(a)所示结果表示选择的量程太小,比被测电阻值还要小,"1"表示超量程;图 2-3-16(b)所示结果表示选择的是合适的量程,测量出来的电阻值有效数字位数最多,实际测量值为 0.359 kΩ;图 2-3-16(c)所示结果虽然测量显示出了数字,但是测量出来的电阻值有效数字位数不是最多,这样就会造成一定的误差,因此图2-3-16(c)所选量程也不可取。

任务 3　认识兆欧表

兆欧表俗称摇表,如图 2-3-17 所示。它是专门用来检测电气设备、供电线路绝缘电阻的一种便携式仪表。

电气设备绝缘性能的好坏,关系到电气设备的正常运行和操作人员的人身安全。为了防止绝缘材料由于发热、受潮、污染、老化等原因所造成的损坏,便于检查修复后的设备绝缘性能是否达到规定的要求,需要经常测量其绝缘电阻。

图 2-3-17　兆欧表

兆欧表主要由 3 个部分组成:第一部分是直流高压发生器,用以产生一直流高压;第二部分是测量回路;第三部分是显示部分。

1. 直流高压发生器

直流高压发生器由交流发电机发出的交流电,经倍压整流电路转换成直流电,输出给磁电系流比计测量机构,如图 2-3-18 所示。

2. 测量回路

外壳上有 L 端,通过壳内测量机构的线圈与手摇发电机的负极相连;E 端与壳内发电机的正极相连,供测量时接地用;G 端称为屏蔽端,它直接与壳内发电机负极相连,如图 2-3-19 所示。

图 2-3-18　直流高压发生器

图 2-3-19　接线柱

3. 显示部分

兆欧表刻度盘如图 2-3-20 所示。

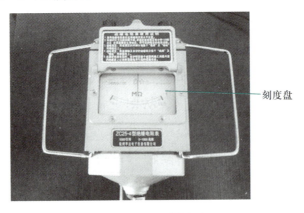

图 2-3-20　刻度盘

一、操作前注意事项

① 检查兆欧表是否能正常工作:将兆欧表水平放置,空摇兆欧表手柄,指针应指到∞处,再慢慢摇动手柄,使 L 和 E 两接线桩输出线瞬时短接,指针应迅速指零。注意在摇动手柄时不得让 L 和 E 短接时间过长,否则将损坏兆欧表,如图 2-3-21 所示。

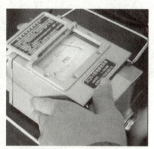

(a) 空摇兆欧表手柄,指针指到∞处

(b) L和E两接线桩输出线瞬时短接,指针迅速指零

图 2-3-21　检查兆欧表

② 检查被测电气设备和电路时,先检查是否已全部切断电源。绝对不允许在设备和线路带电时用兆欧表去测量。

③ 测量前,应对设备和线路先行放电,以免设备或线路的电容放电危及人身安全和损坏兆欧表,这样还可以减少测量误差,同时注意将被测试点擦拭干净。测量电机的绝缘电阻如图2-3-22所示。

二、测量步骤

① 兆欧表输出端 E 端接电机或设备外壳,L 端接被测绕组的一端。

② 测量开始时,手柄的摇动频率应慢些,以防止在被测设备绝缘损坏或有短路现象时,损

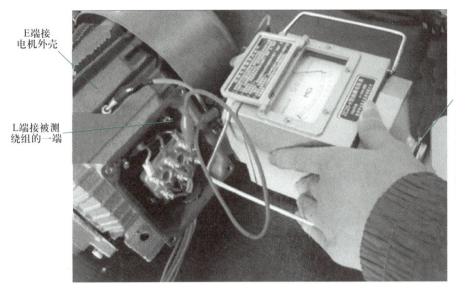

E端接
电机外壳

L端接被测
绕组的一端

手柄的转速应尽量
接近发电机的额定
转速(约120 r/min),
如果转速太慢, 则
发电机的电压过
低, 兆欧表的转矩
很小。这时, 由于
动圈导丝或多或少
存在残余力矩和可
动部分的摩擦, 将
给测量结果带来额
外的误差

图 2-3-22　测量电机的绝缘电阻

坏兆欧表。在测量时,手柄的转速应尽量接近发电机的额定转速(约 120 r/min)。

③ 看刻度表(测出电阻大于 0.5 MΩ,被测设备正常)。

④ 测量完毕,待兆欧表停止转动和被测设备接地放电后方能拆除连接导线。

三、测量时的注意事项

① 不能在设备带电的情况下测量其绝缘电阻。测量前被测设备必须切断电源和负载,并进行放电;已用兆欧表测量过的设备如要再次测量,也必须先接地放电。

② 兆欧表测量时要远离大电流导体和外磁场。

③ 与被测设备的连接导线应用兆欧表专用测量线或选用绝缘强度高的两根单芯多股软线,两根导线切忌绞在一起,以免影响测量准确度。

④ 测量过程中,如果指针指向"0"位,表示被测设备短路,应立即停止转动手柄。

⑤ 测量过程中不得触及设备的测量部分,以防触电。

⑥ 被测设备中如有半导体器件,应先将其插件板拆去。

⑦ 测量电容性设备的绝缘电阻时,测量完毕后应对设备充分放电。

任务 4　认识常用电工工具

1. 剥线钳

剥线钳是电工常用的工具之一,用于剥除电线头部的表面绝缘层。

剥线钳由刀口、压线口和钳柄组成,剥线钳的钳柄上套有额定耐压值为 500 V 的绝缘套管,适用于塑料、橡胶绝缘电线、电缆芯线的剥皮,如图 2-3-23 所示。

2. 尖嘴钳

尖嘴钳由钳口、钳柄、刀口组成,钳柄有铁柄和绝缘柄两种,绝缘柄的耐压强度为 500 V,如图 2-3-24 所示。

尖嘴钳的头部尖细,呈细长圆锥形,在端部的钳口上有一段棱形齿纹,适用于在狭小的工作空间操作。

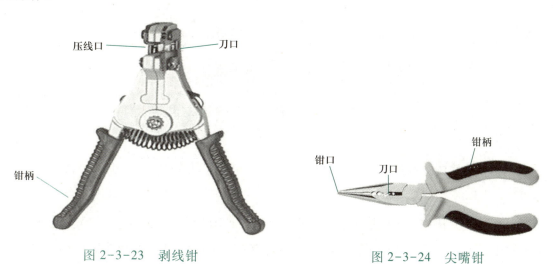

压线口　刀口
钳柄
图 2-3-23　剥线钳

钳柄
钳口　刀口
图 2-3-24　尖嘴钳

3. 电工刀

电工刀是电工常用的一种切削工具。普通的电工刀由刀片、刀刃、刀把、刀挂等构成,如图 2-3-25 所示。

刀片根部与刀柄相铰接,其上带有刻度线及刻度标识,前端形成有螺丝刀刀头,两面加工有锉刀面区域,刀刃上具有一段内凹形弯刀口,弯刀口末端形成刀口尖,刀柄上设有防止刀片退弹的保护钮。

电工刀的刀片有多项功能,使用时只需一把电工刀便可完成连接导线的各项操作,无须携带其他工具,具有结构简单、使用方便、功能多样等特点。

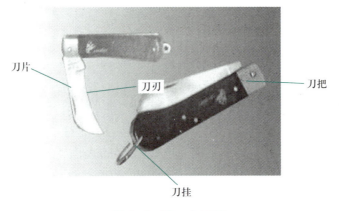

图 2-3-25　电工刀

4. 螺丝刀

螺丝刀又称为螺钉旋具或起子,它是一种紧固或拆卸螺钉的工具。

螺丝刀的式样和规格很多,按头部形状可分为一字形和十字形两种,如图 2-3-26 所示。

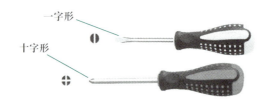

图 2-3-26　一字形螺丝刀和十字形螺丝刀

一字形螺丝刀常用规格有 50 mm、100 mm、150 mm 和 200 mm 等,电工必备的是 50 mm 和 150 mm 两种。

十字形螺丝刀专供紧固和拆卸十字槽的螺钉,常用的规格有 4 个:Ⅰ 号适用于直径为 2~2.5 mm 的螺钉,Ⅱ 号适用于直径为 3~5 mm 的螺钉,Ⅲ 号适用于直径为 6~8 mm 的螺钉,Ⅳ 号适用于直径为 10~12 mm 的螺钉。

5. 验电笔

验电笔也称验电器,俗称电笔(如图 2-3-27 所示)。它是用来检测导线、电器和电气设备的金属外壳是否带电的一种电工工具。验电笔由笔尖金属体、氖泡、高压电阻、弹簧、笔尾金属体五部分组成。

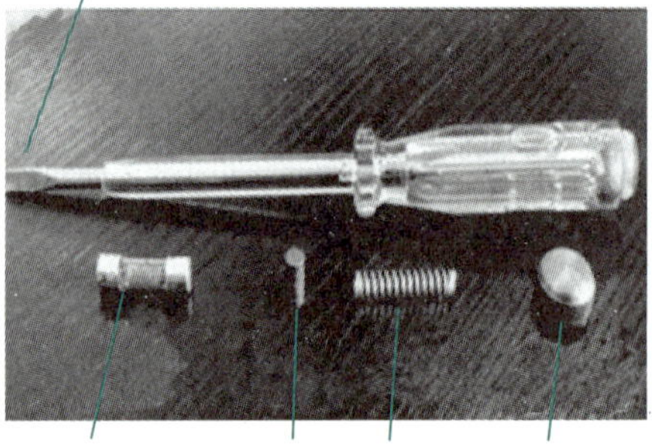

图 2-3-27　验电笔

数字感应验电笔

数字感应验电笔是近年来出现的一种新型电工工具,它在绝缘皮外侧利用电磁感应探测信号,并将探测到的信号放大后利用 LCD 显示,从而判断物体是否带电。它具有安全、方便、快捷等优点,如图 2-3-28 所示。

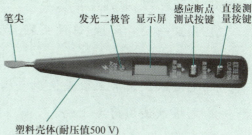

笔尖　发光二极管　显示屏　感应断点测试按键　直接测量按键

塑料壳体(耐压值500 V)

图 2-3-28　数字感应验电笔

数字感应验电笔适用于直接检测 12～250 V 的交直流电和间接检测交流电的中性线、相线和断点,还可测量不带电导体的通断。

按钮说明:

A 键:直接测量按键(离液晶屏较远),用笔尖直接去接触线路时,按此按钮。

B 键:感应测量按键(离液晶屏较近),用笔尖感应接触线路时,按此按钮。

数字感应验电笔使用方法如下:

① 间接测量　按住 B 键,将笔尖靠近电源线,如果电源线带电,验电笔的显示器上将显示高压符号。可用于隔着绝缘层分辨中性线/相线、确定电路断点位置,如图 2-3-29 所示。

② 直接测量　按住 A 键,将笔尖接触带电体,验电笔的显示器上将分段显示电压,最后显示数字为所测电路电压等级,如图 2-3-30 所示。

图 2-3-29　间接测量

图 2-3-30　直接测量

电 烙 铁

电烙铁是电子制作和电器维修的必备工具,其主要用途是焊接元器件及导线。

电烙铁的分类:外热式电烙铁、内热式电烙铁、恒温电烙铁和吸锡电烙铁。外热式电烙铁和内热式电烙铁的区别如图2-3-31所示。吸锡电烙铁如图2-3-32所示。

(1)使用方法

① 检查烙铁头是否松动,电源插头是否损坏。

② 接通电源,打开电烙铁加热开关,预热电烙铁。

③ 预热一段时间后,烙铁头蘸上松香和焊锡进行焊接。

(2)注意事项

① 电烙铁使用前应检查使用电压是否与电烙铁标称电压相符。

② 电烙铁使用前要上锡。

③ 电烙铁通电后不能任意敲击。

④ 长时间不用时要切断电源。

⑤ 焊接时电烙铁不要对着有人的地方以免伤人。

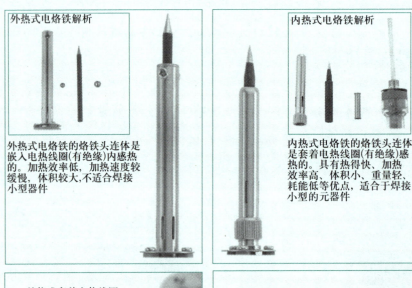

外热式电烙铁解析

外热式电烙铁的烙铁头连体是嵌入电热线圈(有绝缘)内感热的。加热效率低,加热速度较缓慢,体积较大,不适合焊接小型器件

内热式电烙铁解析

内热式电烙铁的烙铁头连体是套着电热线圈(有绝缘)感热的。具有热得快、加热效率高、体积小、重量轻、耗能低等优点,适合于焊接小型的元器件

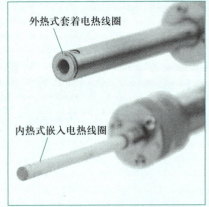

外热式套着电热线圈

内热式嵌入电热线圈

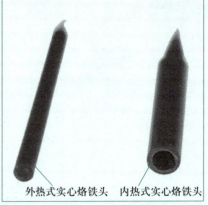

外热式实心烙铁头   内热式实心烙铁头

图2-3-31　外热式电烙铁和内热式电烙铁的区别

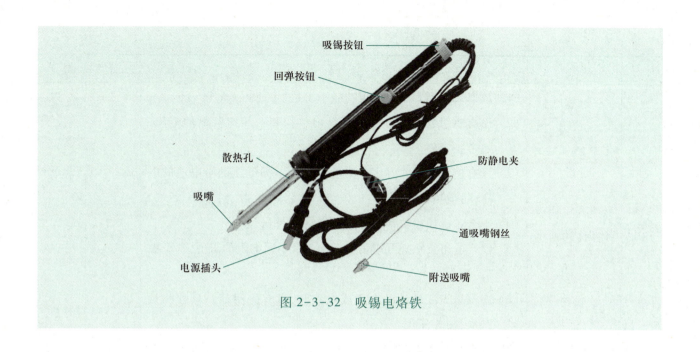

图 2-3-32 吸锡电烙铁

吸锡按钮
回弹按钮
散热孔
吸嘴
电源插头
防静电夹
通吸嘴钢丝
附送吸嘴

项目评价

项目评价见表 2-3-4。

表 2-3-4 项 目 评 价

序号	内容	评分标准	扣分点	得分
1	指针式万用表使用(30分)	(1) 指针式万用表刻度盘的刻度线功能不清楚,每处扣 1 分 (2) 指针式万用表操作面板功能不清楚,每处扣 1 分 (3) 指针式万用表使用时没有水平放置,扣 2 分 (4) 指针式万用表使用前没有进行机械调零,扣 2 分 (5) 指针式万用表测电阻前没有进行电阻调零,扣 2 分 (6) 没有使用指针式万用表测量出 5 个电阻的阻值,每个扣 1 分 (7) 没有使用指针式万用表测量出 3 个不同电压的干电池的电压,每个扣 1 分 (8) 没有使用指针式万用表测量出自己搭接电路的电流,每个扣 2 分 (9) 在使用指针式万用表测量未知直流电流和电压时,挡位选择没有从大到小选择,每次扣 3 分 (10) 指针式万用表使用完毕没有把选择开关旋至 OFF 挡,扣 3 分		

序号	内容	评分标准	扣分点	得分
2	数字式万用表使用(30分)	(1) 数字式万用表操作面板功能不清楚,每处扣1.5分 (2) 没有使用数字式万用表测量出单相和三相交流电的电压,每个扣2分 (3) 没有使用数字式万用表测量出3个不同电压的干电池的电压,每个扣2分 (4) 不会正确使用数字式万用表蜂鸣挡,扣3分 (5) 没有使用数字式万用表测量出5个不同电阻的阻值,每个扣1.5分 (6) 在测量无法估计的电压或电流时,没有先用最高量程测量一次,扣5分 (7) 数字式万用表使用完毕没有按要求操作,扣3分		
3	兆欧表使用(20分)	(1) 了解兆欧表的组成部分,每少一处扣2分 (2) 了解兆欧表的接线柱以及其功能,每错一处扣2分 (3) 会检查兆欧表,操作错误每处扣2分 (4) 使用兆欧表测量电机的绝缘电阻,操作错误每处扣3分		
4	常用电工工具的认识(20分)	(1) 认识剥线钳,知道剥线钳的组成,每错一处扣2分 (2) 认识尖嘴钳,知道尖嘴钳的组成,每错一处扣2分 (3) 认识电工刀,知道电工刀的组成,每错一处扣2分 (4) 识别一字形和十字形螺丝刀,识别错误扣2分 (5) 认识验电笔,知道验电笔的组成,每错一处扣2分 (6) 了解电烙铁的分类,知道电烙铁的组成,每错一处扣1.5分		
5	总评			

项目总结

一、指针式万用表

1. 操作面板

指针式万用表刻度盘的刻度线有7条,常用的是前四条:第一条是电阻刻度线,第二条是交直流电压、电流刻度线,第三条是交流 10 V 挡专用刻度线,第四条是测三极管电流放大系数的专用刻度线。

指针式万用操作面板主要组成:+、COM 插孔,N、P 插孔,2 500 V、5 A 插孔,电阻调零旋钮,机械调零旋钮,转换开关。

2. 使用方法

指针式万用表使用时要水平放置,使用前先进行机械调零。

使用指针式万用表测量电阻时,先进行电阻调零,更换倍率挡后要再次进行电阻调零。

在测量电阻时不允许手同时触碰被测电阻的两端。

严禁带电测量电阻。

使用完万用表之后,要把选择开关旋至 OFF 挡。长期不用应取出电池。

使用指针式万用表测量电流或电压时,如果无法预判电流或电压的大概值,量程选择一定要从最大开始,逐步减少。

在更换挡位时,一定要使万用表的表笔移开被测物。

二、数字式万用表

数字式万用表较指针式万用表使用更加方便,现在使用较多。

数字式万用表的使用方法与指针式万用表的使用方法相似之处在于,都需要选择合适的量程,测量电阻时都不能带电操作,都需要在更换量程时将表笔移开被测物,使用完后都需要把选择开关旋至 OFF 挡或交流电压最大挡。

数字式万用表表盘所显示的数字就是被测值,不需要再进行换算。

若测量时数字式万用表仅在最高位显示数字"1",其他位均消失,表示选择量程太小。

测试电阻、通断性、二极管或电容之前,必须先切断电源,将所有的高压电容放电。

使用测试表笔的探针时,手指应当保持在表笔保护盘的后面。

三、兆欧表

兆欧表俗称摇表,它是专门用来检测电气设备、供电线路的绝缘电阻的一种便携式仪表。

在使用前要先检查兆欧表是否能正常使用。

兆欧表测量电机或设备绝缘电阻时输出端 E 端接电机或设备外壳,L 端接被测绕组的一端。

在测量时,手柄的转速应尽量接近发电机的额定转速(约 120 r/min)。

不能在设备带电的情况下测量其绝缘电阻。测量前被测设备必须切断电源和负载,并进行放电;已用兆欧表测量过的设备如要再次测量,也必须先接地放电。

四、常用电工工具

常用的电工工具有:剥线钳、尖嘴钳、电工刀、螺丝刀、验电笔以及电烙铁。

剥线钳主要用于剥除电线头部的表面绝缘层。

验电器是用来检验导线和电气设备是否带电的一种检测工具。

电烙铁的主要用途是焊接元件及导线,电烙铁有外热式电烙铁、内热式电烙铁、恒温电烙铁和吸锡电烙铁。

复习与思考

一、选择题(不定项)

1. 兆欧表的主要组成部分有(　　)。

A. 手摇部分　　　　　　　　　　B. 直流高压发生器

C. 显示部分　　　　　　　　　　D. 测量回路

2. 尖嘴钳的组成部分有(　　)。

A. 钳柄　　　　　　　　　　　　B. 钳口

C. 刀口　　　　　　　　　　　　D. 铁柄

3. 数字式万用表测量电阻时,选择的挡位是 $R×2$ k,屏幕显示的是 1.000,那么这个电阻的阻值是(　　)。

A. 1 Ω　　　　　　　　　　　　B. 2 kΩ

C. 1 kΩ　　　　　　　　　　　　D. 100 Ω

4. 数字式万用表仅在最高位显示数字"1",表示(　　)。

A. 万用表坏了　　　　　　　　　B. 测量值为1

C. 量程选择太小　　　　　　　　D. 量程选择太大

5. 兆欧表上的"L"端(　　)。

A. 与手摇发电机的负极相连

B. 与壳内发电机的正极相连

C. 通过壳内测量机构的线圈与手摇发电机的负极相连

D. 用来接地

6. 指针式万用表测量电阻时,更换倍率挡后需要进行(　　)。

A. 机械调零　　　　　　　　　　B. 电阻调零

C. 调零　　　　　　　　　　　　D. 更换挡位

7. 使用指针式万用表测量电压,选用的挡位是 10 V,指针指在"100"的位置,实际电压为(　　)。

A. 10 V　　　　　　　　　　　　B. 100 V

C. 1 000 V　　　　　　　　　　D. 4 V

二、判断题

1. 指针式万用表刻度盘最顶端的刻度线是用来测量电压的。　　　　　　　　(　　)

2. 数字式万用表测量电压时,如果量程选择不合适,可以直接更换量程。　　(　　)

3. 数字式万用表测电阻时,电阻的实际值是测量值乘以量程。　　　　　　　(　　)

4. 兆欧表是专门用来检测电气设备、供电线路的绝缘电阻的一种便携式仪表。(　　)

5. 验电笔也可以用来测量电路的电压。　　　　　　　　　　　　　　　　　(　　)

6. 电烙铁可以分成外热式电烙铁和内热式电烙铁。　　　　　　　　　　　　(　　)

7. 普通的电工刀由刀片、刀刃、刀把、刀挂等构成。　　　　　　　　　　　(　　)

8. 在使用指针式万用表时,为了方便读数,不用水平放置。　　　　　　　　(　　)

9. 可以用兆欧表来测量元器件的电阻。　　　　　　　　　　　　　　　　　(　　)

10. 数字式万用表使用完毕,应将量程开关旋至最高电流挡,并关闭电源。　　(　　)

三、问答题

1. 用指针式万用表测量电阻时,其挡位如何选择?

2. 写出用兆欧表测量绝缘电阻的方法。

3. 如何用数字式万用表测量交流电压?写出测量步骤。

4. 如何利用验电笔测试电器是否带电?使用时应注意什么问题?

第 3 单元
室内照明线路安装与检修

小明家最近在装修房子,在进行水电施工的时候,需要根据不同的使用要求,对房子内不同的房间进行不同的照明线路安装,例如厨房、阳台、卫生间等房间需要安装单控照明线路,而客厅、餐厅、卧室等房间内需要安装双控照明线路,还有的房间需要安装荧光灯照明线路。现在小明请大家帮忙设计、安装不同房间内的照明线路。

不同照明线路的工作原理、安装与检修方法各不相同,本单元包括3 个项目,分别是安装与检修单控照明线路、安装与检修双联开关照明线路、安装与检修单控荧光灯线路,主要讲述了 3 种比较常见的照明线路的设计思路、安装和故障检修方法。希望通过本单元的学习,大家能在家庭装修施工的过程中,贡献自己的一份力量。图 3-0-1 所示为照明线路的安装。

图 3-0-1　照明线路的安装

项目 4　安装与检修单控照明线路

项目目标

1. 知道单控照明线路的原理及应用。
2. 学会单联开关的接线方法。
3. 会根据要求进行单控照明线路的工程设计与安装。
4. 会检查、排除单控照明线路常见故障。

项目描述

小明家要在阳台安装一盏灯,这盏灯需要一个开关对其进行单独控制。单控照明示意图如图 3-4-1 所示。

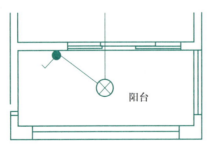

图 3-4-1　单控照明示意图

在实际的家庭照明线路中,有许多这样的场合,需要一个开关单独控制一盏灯的亮灭,如厨房灯、卫生间灯、阳台灯等。

通过对单控照明线路的工作过程分析,可以将电路的工作过程分为两个状态:打开开关时,灯被点亮;关闭开关时,灯熄灭。总体来看,单控照明线路其实就是一个开关单独控制一盏灯。

本项目的基本操作步骤可以分为:清点工具和仪表→认识原理图→选用元器件及导线→元器件检查→安装元器件→安装 PVC 线管→连接导线→自检。

整个控制线路采用空气断路器作为总电源开关,采用单联开关作为主控开关,节能灯作为被控对象。

整个线路将安装在配线木板上,所需材料见表 3-4-1,所需工具、仪器仪表见表3-4-2。

表 3-4-1　材　料

序号	型号及符号	名称	作用	数量
1	QF	空气断路器	总电源控制	1个
2	EL	节能灯	照明	1个
3	SA	单联开关	控制节能灯	1个
4	红色、黑色	单芯铜线	导线连接	若干
5	直径 16mm	阻燃 PVC 管	导线穿接	若干
6	金属导轨	导轨	安装空气断路器	1根
7	电源线	交流 220V 电源引入线	电源引入	1根
8	配线木板	配线木板	线路装配	1块

表 3-4-2　工具、仪器仪表

序号	名称	作用	数量
1	螺丝刀	固定螺钉	1把
2	剥线钳	剥除导线绝缘层	1把
3	数字式万用表	器件、线路检测	1块
4	裁管器	裁剪 PVC 管	1把
5	弯管器	弯曲 PVC 管	1根

序号	名称	作用	数量
6	尖口钳	硬导线成形	1 把
7	斜口钳	修剪导线	1 把

项目实施

任务1　绘制原理图

根据功能分析,使用空气断路器 QF 作为总电源开关,使用单联开关 SA 作为主控开关,而节能灯 EL 作为被控对象。其电路原理图如图 3-4-2 所示。

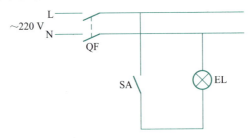

图 3-4-2　电路原理图

任务2　选用元器件

一、选用元器件

正确、合理选用元器件,是电路安全、可靠工作的保证。

1. 选择元器件的基本原则

① 按对电气元件的功能要求确定电气元件的类型。

② 确定电气元件承载能力的临界值及使用寿命。根据电器控制的电压、电流及功率的大小确定电气元件的规格。

③ 确定电气元件预期的工作环境及供应情况,如防油、防尘、防水、防爆及货源情况。

④ 确定电气元件在应用中所要求的可靠性。

⑤ 确定电气元件的使用类别。

2. 导线的选择方法

导线的选择主要取决于灯具功率的大小,灯具的功率又取决于照明空间的大小。一般家用照明选择 BV-1.5 铜芯导线,如卧室、阳台、卫生间、厨房等照明场所。但是有些场所由于灯具的功率较大,故需要选择 BV-2.5 铜芯导线,如餐厅、客厅等。

根据以上原则和方法以及国家相关的技术文件和电气元件选型表,所选元器件清单见表 3-4-3。

表 3-4-3　元器件明细

序号	名称	型号与规格	单位	数量	备注
1	空气断路器	DZ47-60	个	1	
2	单联开关	一开双联开关,型号自定	个	1	
3	电子节能灯	7W 电子节能灯	个	1	
4	阻燃 PVC 管	直径 16mm	m	若干	
5	单芯导线	BV-1.5 单芯铜导线	m	若干	
6	导轨	自定	根	1	
7	电源引入线	交流 220V 引入线	根	1	

二、元器件检测

配备所需元器件后,需先对元器件进行检测。

1. 空气断路器的检测

空气断路器是低压配电网络和电力拖动系统中非常重要的一种电器,它集控制和多种保护功能于一身。除了能完成接触和分断电路外,还能对电路或电气设备发生的短路、严重过载及欠电压等进行保护,同时也可以用于不频繁地起动电动机的电气保护。

首先检查空气断路器的外观,看是否有明显的裂开现象,应着重观察 4 个接线端子,螺钉是否齐全,是否存在生锈和滑丝等现象,如果有上述现象,应立即更换新的空气断路器。如果没有上述现象,则需要用万用表检查输入输出之间是否接触正常,检测方法是用万用表的蜂鸣器挡位,检测空气断路器断开和闭合时是否正常。

可以用数字式万用表检测空气断路器,见表 3-4-4。

表 3-4-4　空气断路器的检测

元器件	检测方法	图片示意
空气断路器	当空气断路器断开时,用万用表蜂鸣器挡分别检测空气断路器的两组输入输出,正常情况下,应该都不导通,万用表应该显示为"1",表示被测对象之间不导通	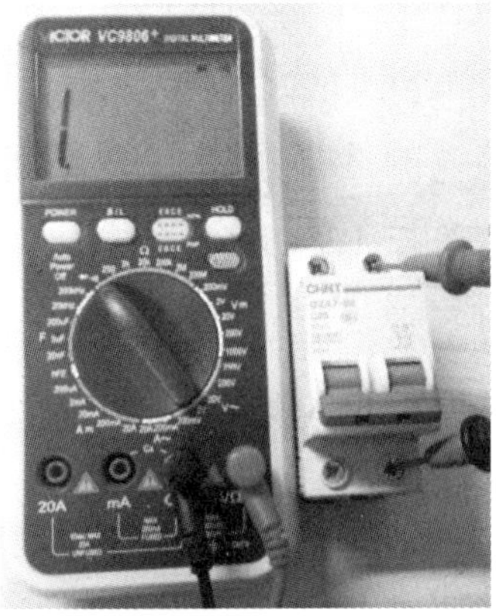
	当空气断路器闭合时,用万用表蜂鸣器挡分别检测空气断路器的两组输入输出,正常情况下,应该都导通,万用表应该显示为"0"或显示很小数值,表示被测对象之间相互导通	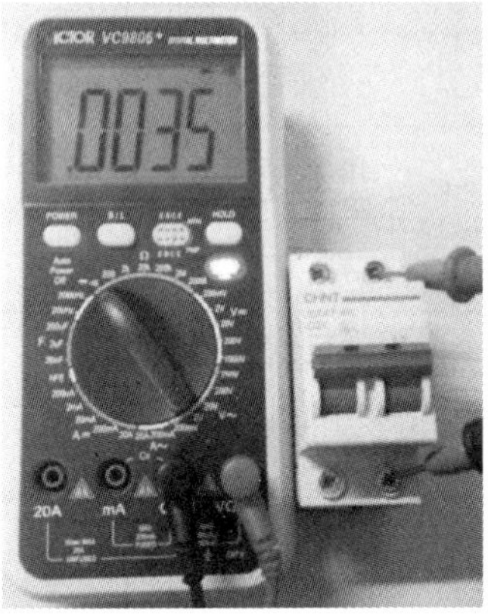

2. 单联开关的检测

检测单联开关的方法和检测空气断路器的方法基本一致,见表 3-4-5,就是在开关断开和闭合的情况下,分别测其阻值。开关断开时,其阻值很大,接近无穷大;开关闭合时,其阻值很小,接近零。

表 3-4-5　单联开关的检测

元器件	检测方法	图片示意
单联开关	当开关断开时,用万用表蜂鸣器挡检测开关的输入输出,正常情况下,不应导通,万用表应显示"1",表示被测对象之间不导通	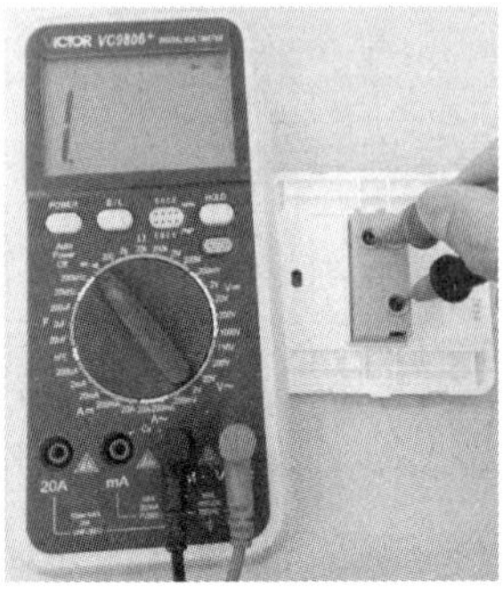

元器件	检测方法	图片示意
单联开关	当开关闭合时,用万用表蜂鸣器挡检测开关的输入输出,正常情况下,应是导通的,万用表应显示"0"或显示很小数值,表示被测对象之间相互导通	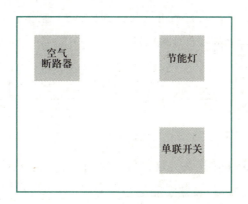

任务3　安装元器件

一、绘制元器件布置图

照明电路将安装在一块配线木板上,为了安装合理以及安装正确,首先应画出采用配线木板的模拟电器布置图。元器件布置图如图 3-4-3 所示。

图 3-4-3　元器件布置图

二、固定元器件

设计好元器件的布局后,就可以将各个元器件分别固定在配线板上,安装元器件的工作过程见表 3-4-6。

表 3-4-6 安装元器件的工作过程

安装步骤	安装内容	安装要点	图片示意
1	导轨	将导轨放置在木板的左上角部位,通过两颗自攻螺钉将其固定好	
2	空气断路器	将导轨固定好之后,可以将空气断路器安装在导轨上: (1) 安装空气断路器必须在断电情况下操作 (2) 安装位置及各元器件间的相互距离应适合 (3) 应垂直安装,并应能防止电弧飞溅到临近带电体 (4) 接入线和出线端切勿弄错,注意是"上"进"下"出	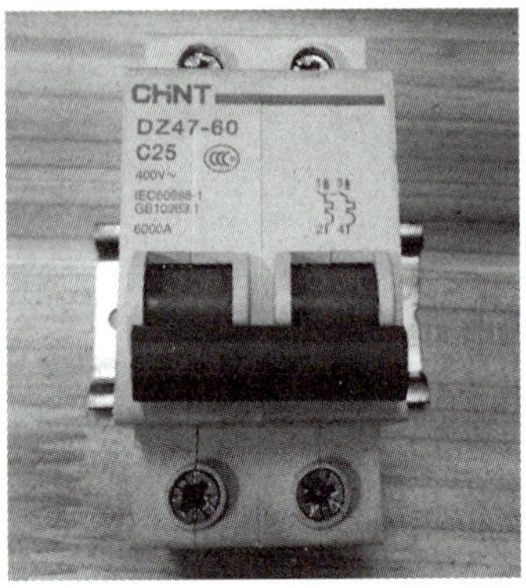
3	单联开关盒	把开关盒放在右下角位置,以便于动手操作。开关盒用两颗自攻螺钉固定好	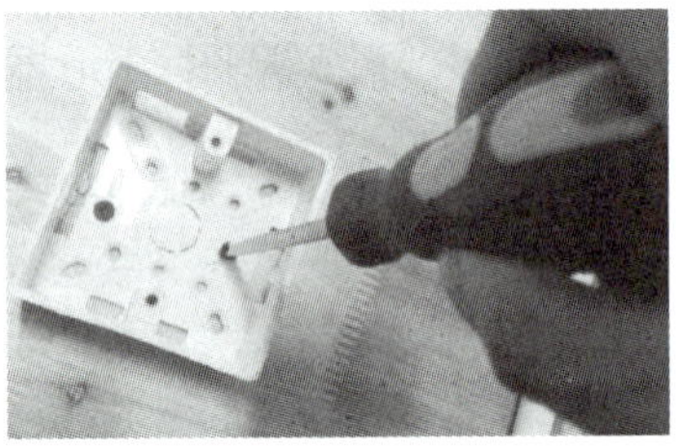
4	节能灯灯座	本实训中采用的是螺纹口节能灯,若要正常使用节能灯,就需要先把相应的灯座安装好。需要在灯座的下面装接电线,在接线完毕后,使用两颗自攻螺钉将灯座固定好	

安装步骤	安装内容	安装要点	图片示意
5	电子节能灯	当把灯座的线装接完毕后,就可以将节能灯安装在灯座上了: (1) 根据照明接线图,将相应连接线接入电子节能灯电路中 (2) 将节能灯的灯座固定在相应位置 (3) 安装电子节能灯。先将节能灯轻轻放入到灯座中,然后按顺时针方向旋转节能灯,直到旋不动为止,注意切勿蛮力旋转,这样就可以将节能灯稳稳地装入到灯座上	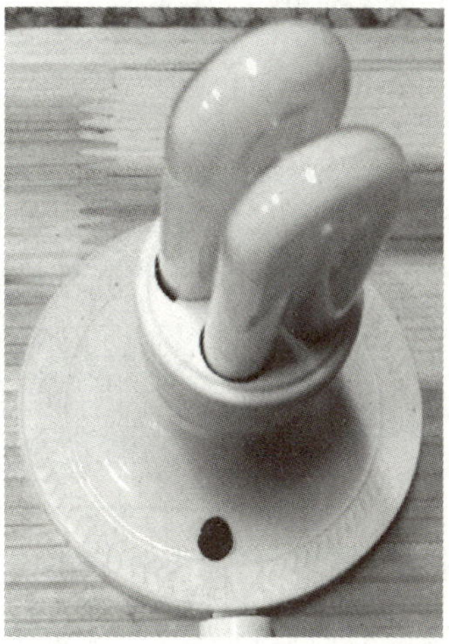
6	PVC 管	根据固定好的元器件,裁剪长度合适的 PVC 管,如果需要将 PVC 管弯成 90°,则需要先将弯管器塞进 PVC 管内,再手动将 PVC 线管弯曲至 90°,再将弯管器拉出来即可。最后将裁剪和弯曲好的 PVC 管安装在配线木板上	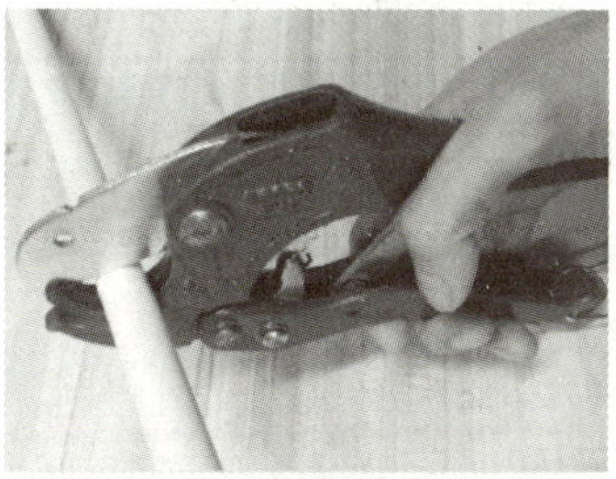 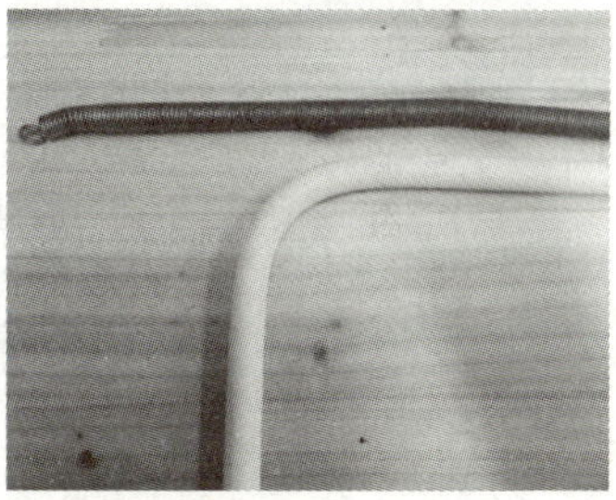

任务4 连接导线

一、导线的连接

1. 工具准备

连接导线所需的工具见表 3-4-7。

表 3-4-7 工 具

图 示	备注
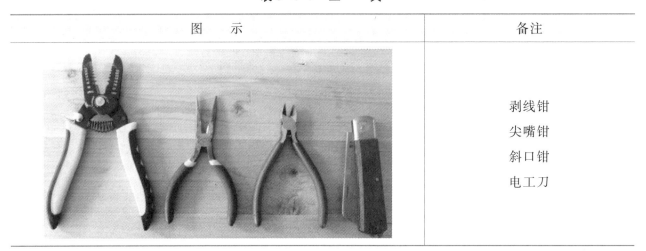	剥线钳 尖嘴钳 斜口钳 电工刀

2. 单股同规格铜芯线的连接

单股同规格铜芯线的连接方法见表 3-4-8。

表 3-4-8 单股同规格铜芯线的连接方法

序号	操作内容	过程图示	操作要领
1	线头绝缘层的剥削	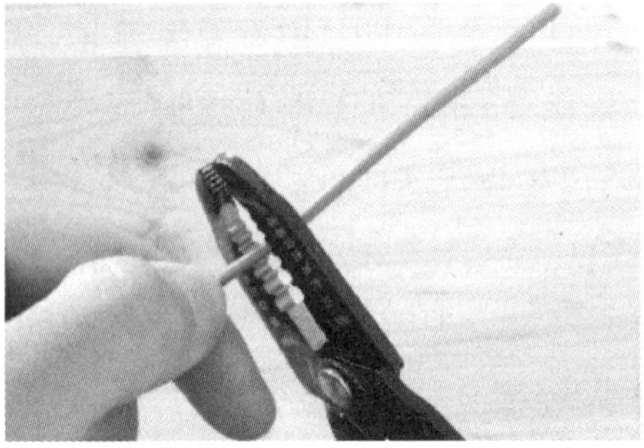	绝缘剥削长度为线芯直径的 70 倍左右,用剥线钳去掉氧化层
2	芯线交叉	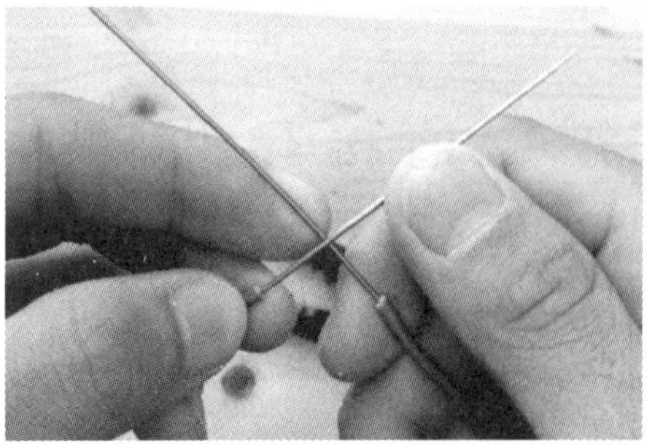	两线头的露芯线成 X 形交叉

续表

序号	操作内容	过程图示	操作要领
3	芯线绞接	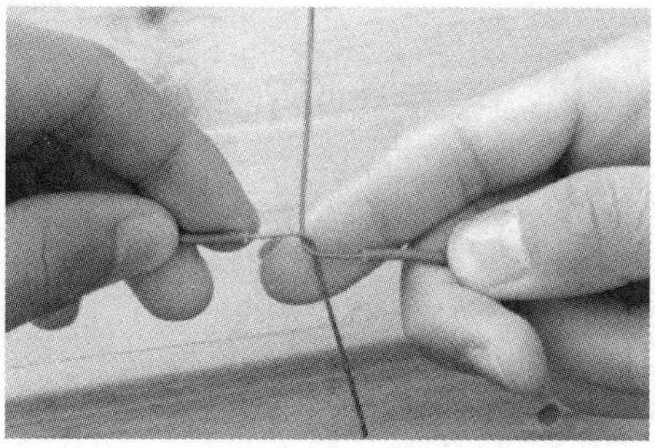 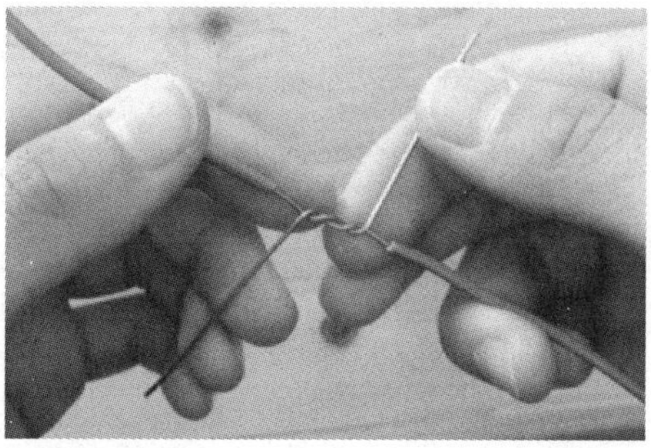	互相绞接 2～3 圈后扳直两芯线头
4	芯线紧贴缠绕	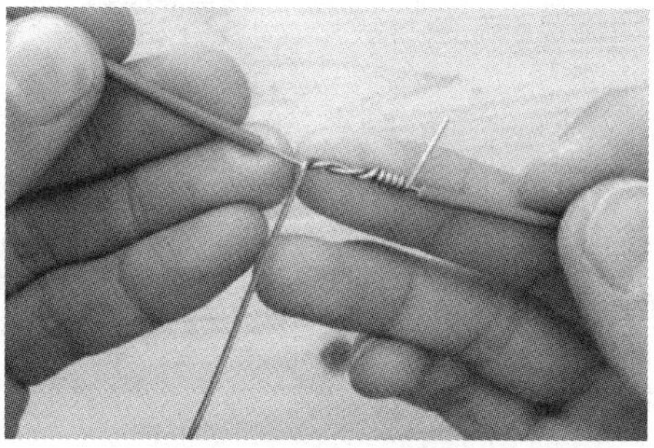 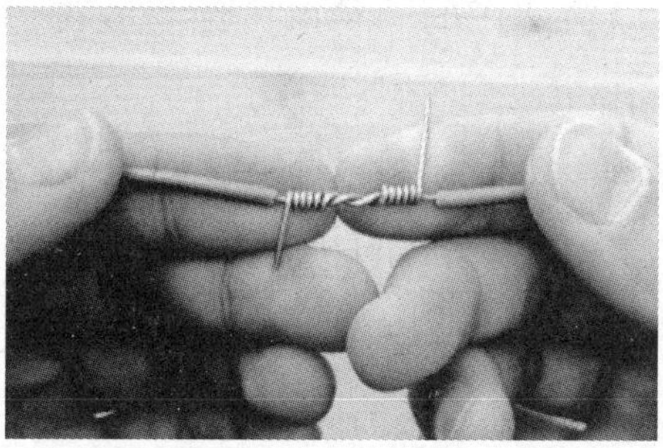	将每个芯线头在另一芯线上紧贴并缠绕 6 圈

序号	操作内容	过程图示	操作要领
5	余下芯线处理	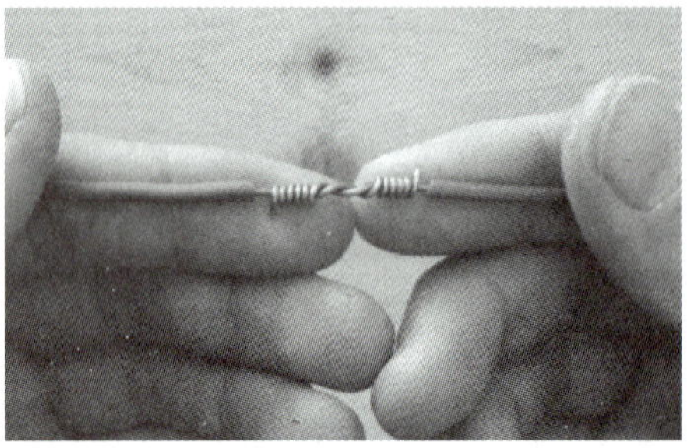 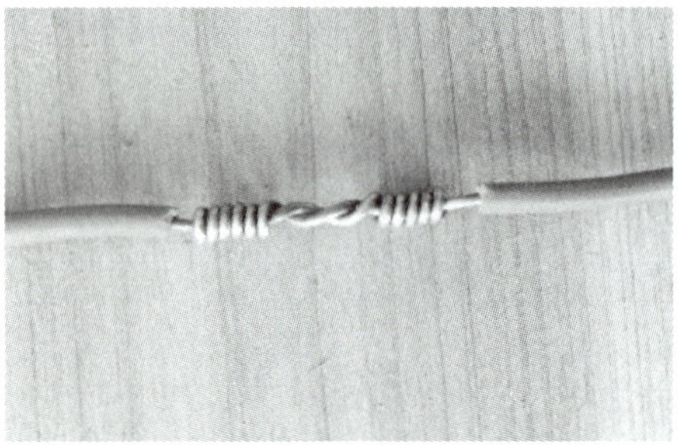	用斜口钳切去余下的芯线,并钳平芯线末端

二、使用电工绝缘胶带

电工绝缘胶带是一种适用于各种电阻零件的绝缘胶带,其全名是聚氯乙烯电气绝缘胶粘带。通常使用的电工绝缘胶带有 3 种,一种是绝缘黑胶布,第二种是 PVC 电气阻燃胶带,第三种是高压自粘带。

1. 电工绝缘胶带种类

① 绝缘黑胶布　绝缘黑胶布是以前使用的一种电工绝缘胶带,质量较差,只有绝缘功能,没有阻燃和防水的功能,现已基本不用。

② PVC 电气阻燃胶带　PVC 电气阻燃胶带具有防水、阻燃、绝缘 3 种功能。它的主要材质是 PVC,所以本身的延展性较差,在做接头包裹的时候,难以做到很严密,防水性也不是很理想,但相较于绝缘黑胶布,PVC 电气阻燃胶带使用较为广泛。

③ 高压自粘带　高压自粘带的延展性很好,而且防水绝缘性都比以上两者好很多。一般用在电压等级较高的电路上,有时也用于低压领域,但由于高压自粘带本身的强度没有 PVC 电气阻燃胶带好,所以经常会与 PVC 电气阻燃胶带配合使用。

2. 电工绝缘胶带规格

① 电工绝缘胶带适用于各种电线的绝缘包裹,容易缠绕,也很易撕。1500 无铅电工绝缘胶带的电压等级是 600V 及以下,电工绝缘胶带的尺寸为 18mm×10m×0.13mm,一般这种电工绝缘胶带的颜色为黑色,电工绝缘胶带的介电强度为 39.37 kV/mm(1000 V/mil)。

② 1600 无铅电工绝缘胶带的规格(宽度×长度×厚度)为 18mm×20m×0.15mm,适用的温度等级为 80℃(176°F),通常这种电工绝缘胶带的颜色为黑色,介电强度 >39.37 kV/mm(1000 V/mil),绝缘电阻 >10^{12} Ω,电压等级 600 V 以下。

3. 绝缘胶带的缠绕方法

为了进行连接,导线连接处的绝缘层已被去除。导线连接完成后,必须对所有绝缘层已被去除的部位进行绝缘处理,以恢复导线的绝缘性能,恢复后的绝缘强度应不低于导线原有的绝缘强度。

导线连接处的绝缘处理通常采用绝缘胶带进行缠裹包扎。一般电工常用的绝缘带有黄蜡带、涤纶薄膜带、黑胶布带、塑料胶带、橡胶胶带等。绝缘胶带的宽度常用 20mm 的,使用较为方便。

(1)一般导线接头的绝缘处理

一字形连接的导线接头可按图 3-4-4 所示进行绝缘处理,先包缠一层黄蜡带,再包缠一层黑胶布带。将黄蜡带从接头左边绝缘完好的绝缘层上开始包缠,包缠两圈后进入剥除了绝缘层的芯线部分如图 3-4-4(a)所示。包缠时黄蜡带应与导线成 55°左右倾斜角,每圈压叠带宽的1/2,如图 3-4-4(b)所示,直至包缠到接头右边完好绝缘层处再包缠两圈。然后将黑胶布带接在黄蜡带的尾端,按另一斜叠方向从右向左包缠,如图 3-4-4(c)、图 3-4-4(d)所示,每圈仍压叠带宽的 1/2,直至将黄蜡带完全包缠住。包缠处理中应用力拉紧胶带,注意不可稀疏,更不能露出芯线,以确保绝缘质量和用电安全。对于 220V 线路,也可不用黄蜡带,只用黑胶布带或塑料胶带包缠两层。在潮湿场所应使用聚氯乙烯绝缘胶带或涤纶绝缘胶带。

(2)T 字分支接头的绝缘处理

导线分支接头的绝缘处理基本方法同上,T 字分支接头的包缠方向如图 3-4-5 所示,走一个 T 字形的来回,使每根导线上都包缠两层绝缘胶带,每根导线都应包缠到完好绝缘层的两倍胶带宽度处。

(3)十字分支接头的绝缘处理

对导线的十字分支接头进行绝缘处理时,包缠方向如图 3-4-6 所示,走一个十字形的来回,使每根导线上都包缠两层绝缘胶带,每根导线也都应包缠到完好绝缘层的两倍胶带宽度处。

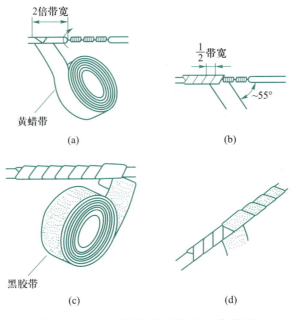

图 3-4-4 一般导线接头的绝缘处理

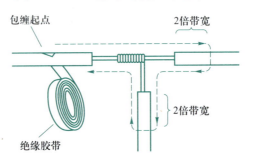

图 3-4-5 T 字分支接头的绝缘处理

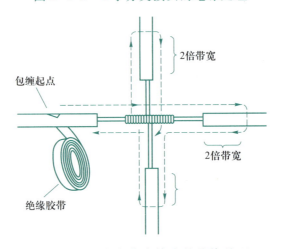

图 3-4-6 十字分支接头的绝缘处理

三、绘制布局接线图

将所有的元器件安装完毕后,根据电气原理图,绘制出线路的模拟接线图。

图 3-4-7 所示为采用配线木板的线路连接图。

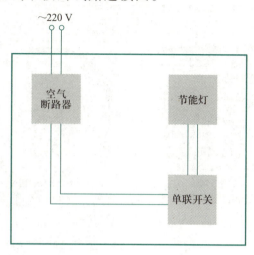

~220 V

空气
断路器

节能灯

单联开关

图 3-4-7　线路连接图

四、线路连接

选择好合适的工具、仪表后,开始进行线路的连接。连接导线之前,要先把导线穿在 PVC 管内,再进行导线的连接。连接导线时,需要注意导线的顺序以及相线、中性线的方位。一般情况下,按照左"零"右"火"的顺序进行安装。线路连接的过程见表 3-4-9。

注意事项:安全用电。

小知识:红色线接电源相线(L),黑色线接中性线(N),黄绿双色线专做地线(PE);相线过开关,中性线一般不进开关。

表 3-4-9　线路连接的过程

序号	操作内容	过程示图		注意事项
1	空气断路器和单联开关之间导线的连接			注意导线的剥削长度和硬线成形

序号	操作内容	过程示图		注意事项
2	开关和灯座之间导线的连接			连接螺钉要旋紧,不要出现松动、接触不良的故障
3	安装开关面板和节能灯		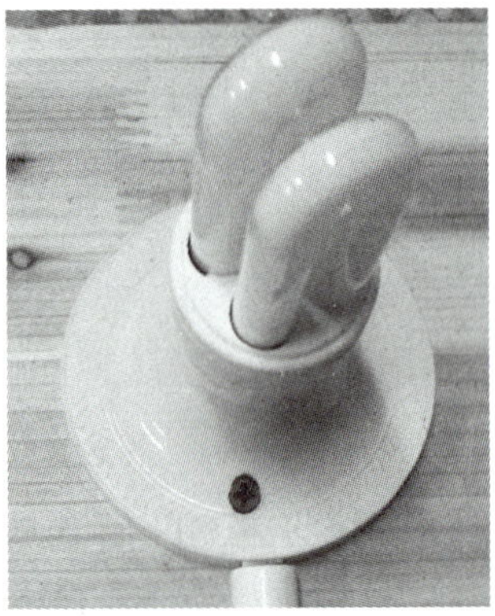	安装开关面板后,要旋紧两颗螺钉固定面板。安装节能灯时,不要用力过猛
4	电源线接入及总体效果图	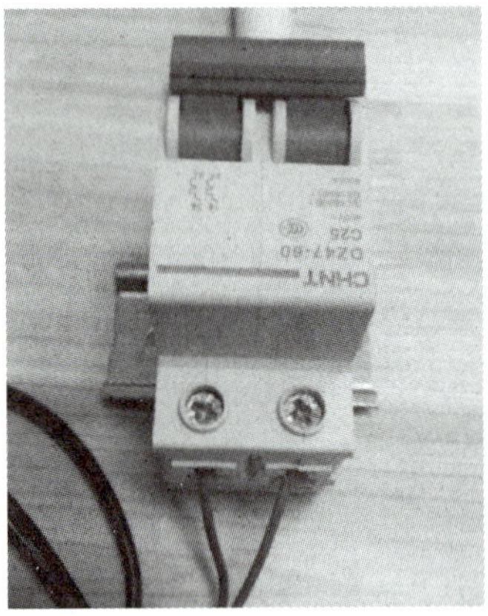	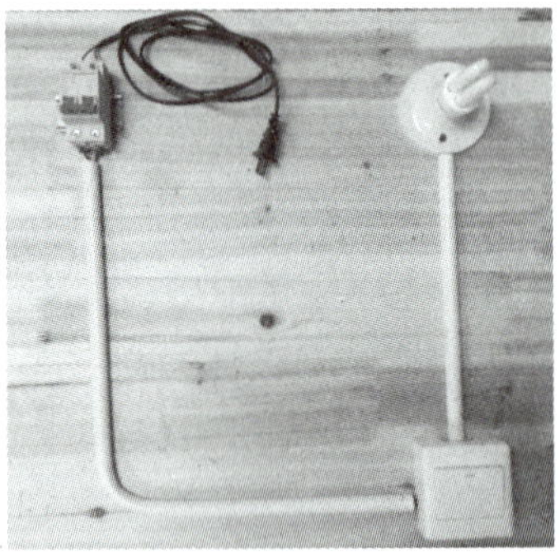	安装完成后,检查线路是否存在漏线、错线、掉线、接触不良、安装不牢靠等故障

五、自检

安装完成后,必须按要求进行检查。

对照电路图,检查线路是否存在漏线、错线、掉线、接触不良、安装不牢靠等故障。

任务 5　通 电 调 试

▶ **提示**：必须在教师的现场监护下进行通电调试。

通电调试，验证系统功能是否符合控制要求。

（1）插上电源线，打开空气断路器。

（2）功能调试

① 闭合单联开关 SA，若节能灯点亮，则说明电路正常。

② 再次按下 SA，使开关处于断开状态，此时节能灯应熄灭。

多次转变开关状态，查看节能灯是否工作正常。如果工作不正常，则需要进行故障检修。

任务 6　故 障 检 修

一、照明电路的常见故障

照明电路的常见故障主要有断路、短路和漏电 3 种。

1. 断路

相线、中性线均可能出现断路。断路故障发生后，负载将不能正常工作。

产生断路的原因：主要是导线接触不良、线头松脱、断线、开关没有接通、铜线接头腐蚀等。

断路故障的检查：先检查开关和灯头是否接触不良、有无断线等情况。为了尽快查出故障点，可用验电笔测灯座（灯头）的两端是否有电，若两端都不亮说明相线断路；若一端亮一端不亮，说明节能灯未接通。如果以上都没问题，应首先检查总闸是否接通、电源线是否接触良好。

2. 短路

短路故障表现为空气开关跳闸，如果电路出现了短路故障，短路点处会有明显烧痕、绝缘碳化，严重的会使导线绝缘层烧焦甚至引起火灾。

造成短路的原因：

① 用电器具接线没有接好,以致接头碰在一起。

② 灯座或开关进水,螺纹口灯头内部松动或灯座顶芯歪斜碰及螺口,造成内部短路。

③ 导线绝缘层损坏或老化,并在中性线和相线的绝缘处碰线。

当发现短路打火或跳闸时应先查明发生短路的原因,找出短路故障点,处理之后再恢复送电。

3. 漏电

漏电不但造成电力浪费,还可能造成人身触电伤亡事故。

产生漏电的原因:主要有相线绝缘损坏而接地、用电设备内部绝缘损坏使外壳带电等。

漏电故障的检查:漏电保护装置一般采用漏电断路器。当漏电电流超过整定电流值时,漏电断路器动作切断电路。若发现漏电断路器动作,则应查出漏电接地点并进行绝缘处理后再通电。照明线路的漏电接地点多发生在穿墙部位和靠近墙壁或天花板等部位。查找接地点时,应注意查找这些部位。

① 判断是否漏电　在被检查建筑物的总开关上接一只电流表,接通全部电灯开关,取下所有灯,仔细观察。若电流表指针摇动,则说明漏电。指针偏转的多少,取决于电流表的灵敏度和漏电电流的大小。若偏转多则说明漏电电流大,确定漏电后可按下一步继续进行检查。

② 判断漏电类型　是相线与中性线间的漏电,还是相线与大地间的漏电,或者是两者兼而有之。以接入电流表检查为例,切断中性线,观察电流的变化:电流表指示不变,是相线与大地之间漏电;电流表指示为零,是相线与中性线之间漏电;电流表指示变小但不为零,则表明相线与中性线、相线与大地之间均有漏电。

③ 确定漏电范围　取下分路熔断器或拉下开关刀闸,电流表若不变化,则表明是总线漏电;电流表指示为零,则表明是分路漏电;电流表指示变小但不为零,则表明总线与分路均有漏电。

④ 找出漏电点　按前面介绍的方法确定漏电的分路或线段后,依次拉断该线路灯具的开关,当拉断某一开关时,电流表指针回零或变小,若回零则是这一分支线路漏电,若变小则除该分支电路漏电外还有其他漏电处;若所有灯具开关都拉断后,电流表指针仍不变,则说明是该段干线漏电。

二、常见故障的排除方法

1. 开关的常见故障及排除方法

开关的常见故障及排除方法见表3-4-10。

表 3-4-10　开关常见故障及排除方法

故障现象	图示	排除方法
开关操作后电路不通		1. 打开开关,紧固接线螺钉 2. 打开开关,清除杂物 3. 给机械部位加润滑油,机械部分损坏严重时,应更换开关
接触不良	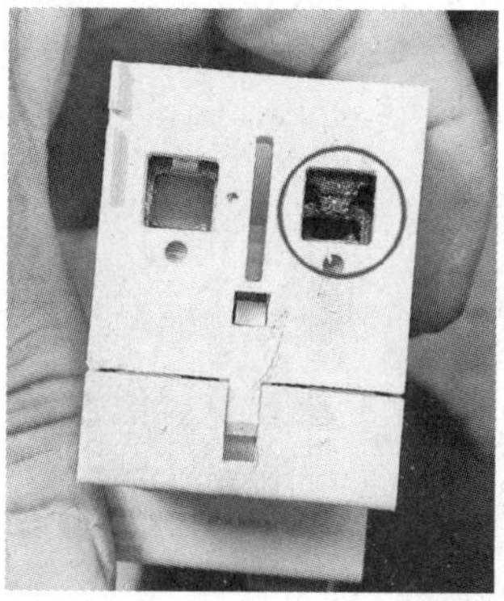	1. 打开开关盖,压紧界限螺钉 2. 断电后,清除污物 3. 断电后修理或更换开关
开关烧坏		1. 处理短路点,并恢复供电 2. 减轻负载或更换容量大一级的开关
漏电	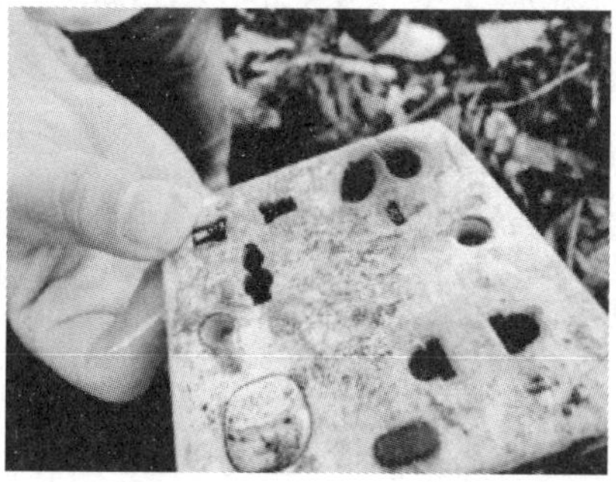	1. 重新配全开关盖,并接好开关的电源连接线 2. 断电后进行烘干处理,并加装防雨措施

2. 节能灯的常见故障及排除方法

节能灯的常见故障及排除方法见表3-4-11。

表 3-4-11 节能灯的常见故障及排除方法

故障现象	图示	排除方法
节能灯不能发光		1. 用万用表检查或观察节能灯是否变色,如确认灯已损坏,可更换新节能灯 2. 检查线路,重新接线 3. 灯与灯座接触不良
灯的光度降低或色彩转差		1. 更换节能灯 2. 清除灯的积垢 3. 采取遮风措施 4. 调整电压或加粗导线

项目评价

项目评价见表3-4-12。

表 3-4-12 项 目 评 价

序号	内容	评分标准	扣分点	得分
1	安全操作规范 (20分)	(1) 不穿绝缘鞋、不戴安全帽进入工作场地,扣2分 (2) 错误使用万用表进行故障点检测,扣1分 (3) 由于操作不当造成设备出现短路跳闸,扣2分 (4) 带电测试造成万用表损坏,扣5分 (5) 用手触摸任何金属触点,扣2分 (6) 带电操作,扣5分 (7) 发现有重大安全隐患时可立即予以制止,并扣5分		

序号	内容	评分标准	扣分点	得分
2	合理布局（20分）	（1）电气元件布局不合理,扣10分 （2）总体布局不合理,扣10分		
3	正确接线（40分）	（1）接错一根线,扣5分 （2）导线接触不良,每根扣2分 （3）导线颜色用错,扣2分 （4）漏接一根导线,扣5分		
4	故障检修（20分）	（1）故障现象描述每错一处,扣2分 （2）故障现象描述每空一处,扣3分 （3）故障排除过程描述不完整,扣2分 （4）故障排除过程描述错误,扣2分 （5）故障点描述每错一处,扣5分 （6）故障点描述每空一处,扣5分		
5	总评			

知识链接

各式各样的灯具

随着生活质量的提高,家庭的灯具也发生了翻天覆地的变化,各式各样的灯具如雨后春笋般涌现,不仅美观、精美,而且环保省电。下面将介绍部分照明灯具。

1. 水晶灯

水晶灯由 K9 水晶材料制作,历史悠久,外表明亮,闪闪发光,晶莹剔透。水晶灯主要用于大厅或客厅,起到装饰和照明的作用,如图 3-4-8 所示。

图 3-4-8　各式各样的水晶灯

2. 吸顶灯

吸顶灯也是一种照明灯具,安装在房间内部,由于灯具上部较平,紧靠屋顶安装,像是吸附在屋顶上,所以称为吸顶灯。光源有普通节能灯、高强度气体放电灯、卤钨灯、LED 灯等,如图 3-4-9 所示。

图 3-4-9　各式各样的吸顶灯

3. 壁灯

壁灯是安装在室内墙壁上辅助照明装饰的灯具,一般多配用乳白色的玻璃灯罩。其功率多为 15~40 W,光线淡雅和谐,可把环境点缀得优雅、富丽。壁灯的种类和样式较多,一般常见的有背景墙壁灯、变色壁灯、床头壁灯、镜前壁灯等,如图 3-4-10 所示。

图 3-4-10　各式各样的壁灯

4. 地埋灯

地埋灯又称地灯或藏地灯,是镶嵌在地面上的照明设施。地埋灯对地面、地上植物等进行照明,能使景观更美丽,行人通过更安全。现多用 LED 节能光源,表面为不锈钢抛光或铝合金面板,优质的防水接头、硅胶密封圈、钢化玻璃可防水、防尘、防漏电且耐腐蚀。为确保排水通畅,建议地埋灯灯具安装时下部垫上碎石,如图 3-4-11 所示。

5. 射灯

射灯是典型的无主灯、无定规模的现代流派照明灯,能营造室内照明气氛,若将一排小射灯组合起来,光线能变幻出奇妙的图案。小射灯可自由变换角度,组合照明的效果也千变万化。射灯光线柔和,也可局部采光,烘托气氛,如图 3-4-12 所示。

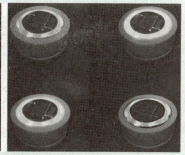

图 3-4-11　各式各样的地灯

图 3-4-12　各式各样的射灯

知识链接

导 线 连 接

1. 单股不同规格铜芯线的连接

单股不同规格铜芯线的连接方法见表 3-4-13。

表 3-4-13　单股不同规格铜芯线的连接方法

序号	操作内容	过程图示	操作要领
1	线头绝缘层的剥削		绝缘剥削长度为线芯的 70 倍左右,用剥线钳去掉氧化层

序号	操作内容	过程图示	操作要领
1	线头绝缘层的剥削	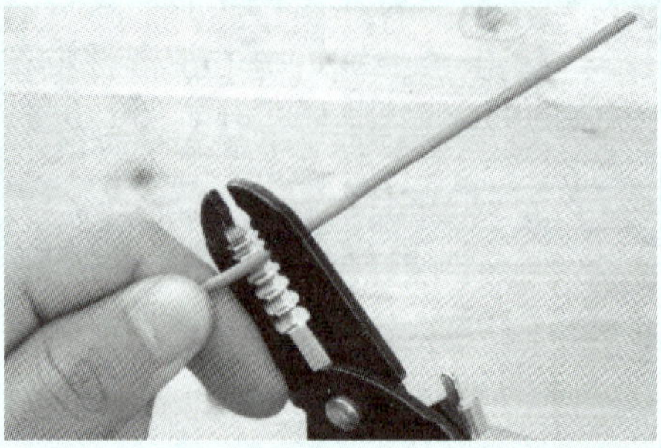	
2	芯线交叉	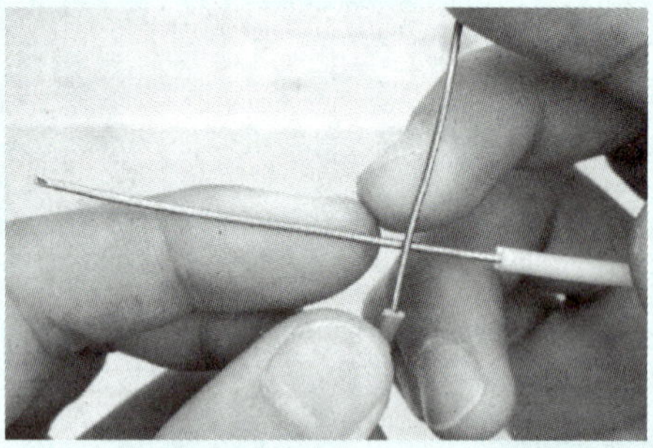	两线头的露芯线成十字交叉
3	细芯线缠绕	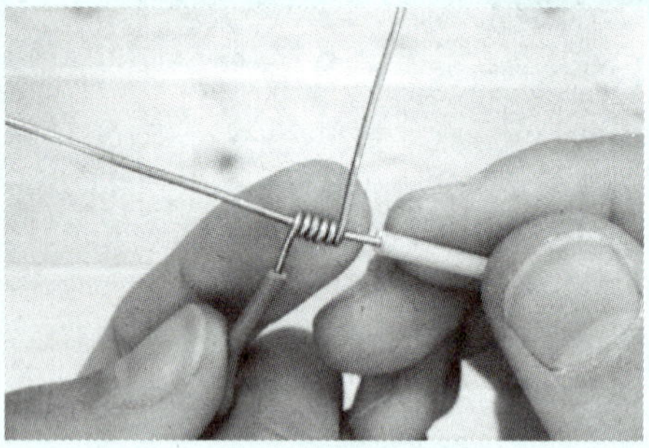	细芯线向内缠绕粗芯线 5~6圈
4	粗芯线折返	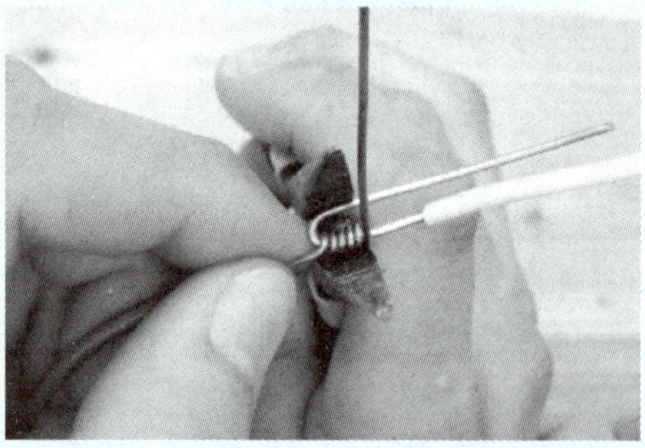 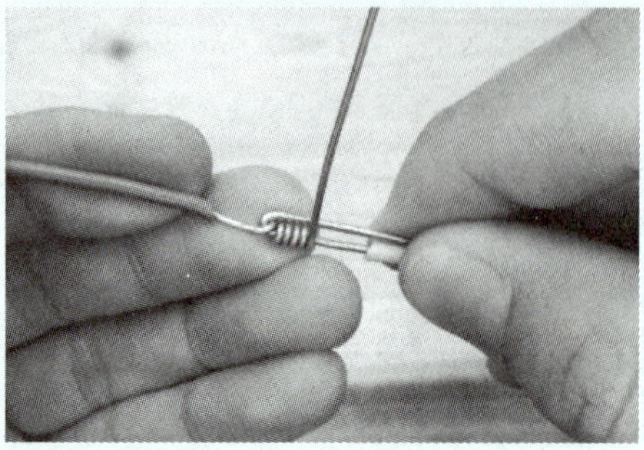	用尖嘴钳折回粗芯线使之压在缠绕层上

序号	操作内容	过程图示	操作要领
5	细芯线再次缠绕	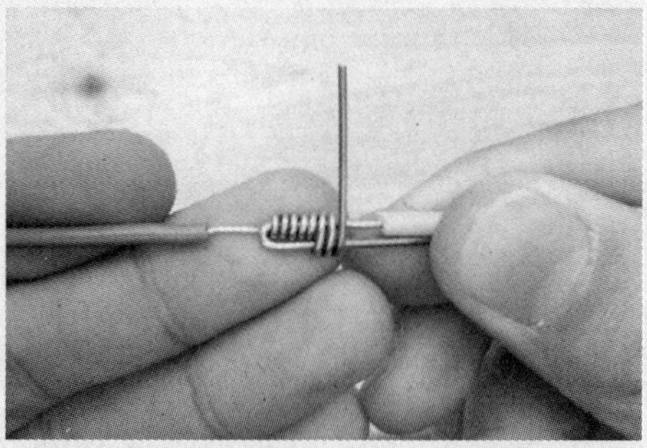	细芯线再次与粗芯线一并向内缠绕 3 圈
6	余下芯线处理	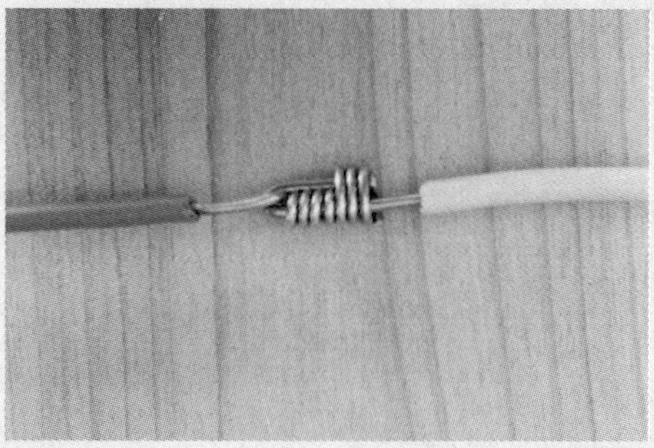	用斜口钳切去余下的芯线,并钳平芯线末端

2. 单股铜芯线的 T 形连接

单股铜芯线的 T 形连接方法见表 3-4-14。

表 3-4-14　单股铜芯线的 T 形连接方法

序号	操作内容	过程图示	操作要领
1	中间绝缘层的剥削	 	使用剥线钳及电工刀切除中间段绝缘层

序号	操作内容	过程图示	操作要领
1	中间绝缘层的剥削	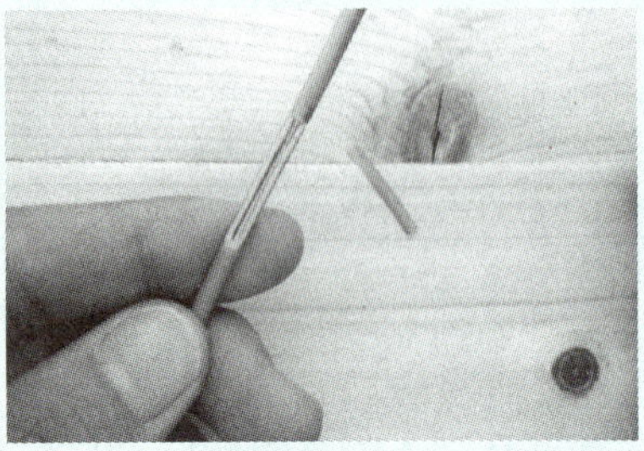 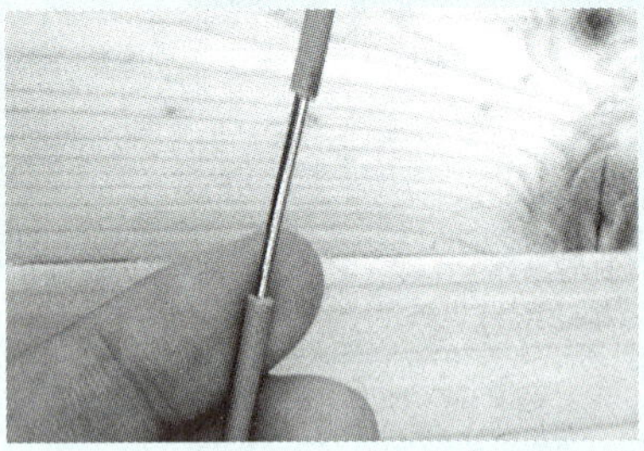	使用剥线钳及电工刀切除中间段绝缘层
2	芯线交叉	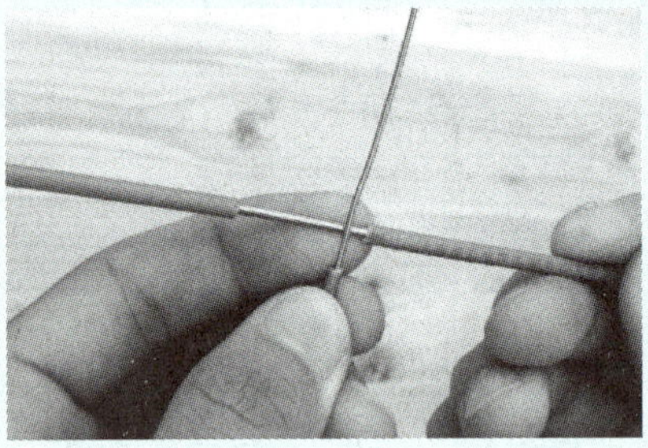	将支路芯线的线头与干线芯线十字相交
3	支路绕制成结	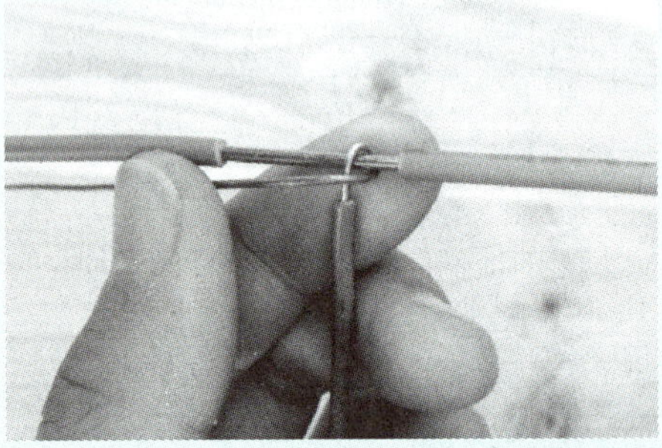 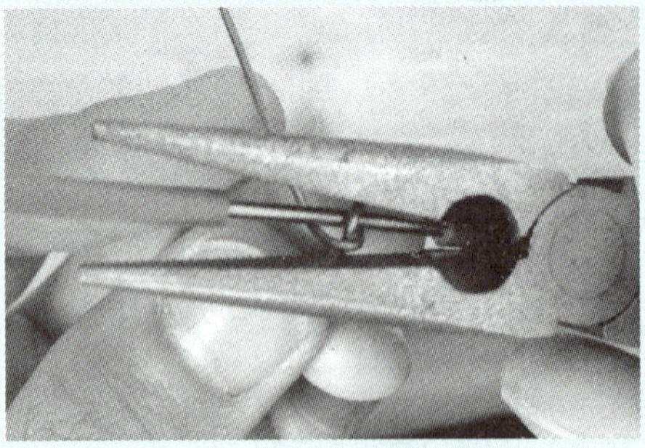	支路芯线绕制成结状并用尖嘴钳压紧

序号	操作内容	过程图示	操作要领
4	支路缠绕	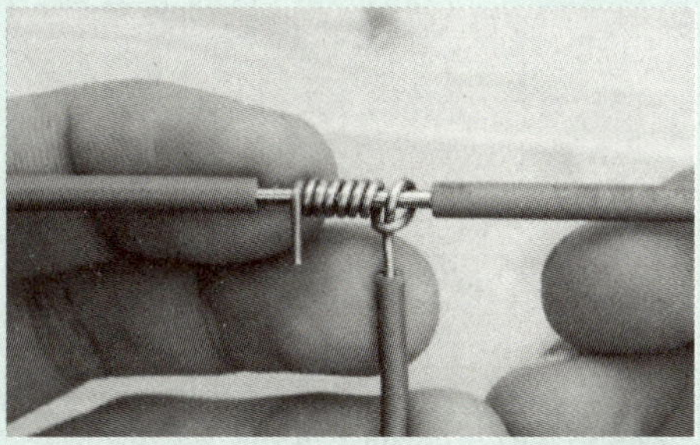	支路芯线线头紧密缠绕6~8圈
5	余下芯线处理	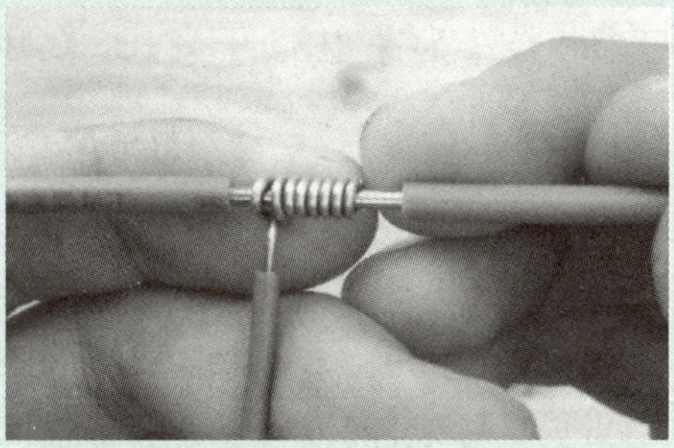	用斜口钳切去余下的芯线，并钳平芯线末端。芯线根部留出 3~5mm

如果导线直径较小，可按以上方法制作。

若导线直径较大则可直接进行缠绕，无须绕制成结。

项目总结

　　通过本项目的学习，我们掌握了单控照明线路的相关知识，如线路原理图的识读、合理选择元器件等，在前期准备阶段，能正确使用万用表对元器件进行检测，在安装过程中，能合理摆放元器件，使照明线路布局合理、美观。最重要的就是接线过程，能正确使用电工工具按照操作规范及接线工艺进行接线，确保线路连接正确及接触良好。在检测无误后，可以通电调试，如果存在故障，则根据线路原理图及工作原理进行排故。

　　但在实际应用中，只学会单控照明线路的安装远远不够，单控照明线路也无法满足生活的需要。在以后的学习中，我们还要继续学习复杂照明线路的安装方法。

复习与思考

一、填空题

1. 在照明线路中,单控照明就是由_____个开关控制一盏灯的线路。

2. 在单控照明线路中,开关和灯的关系是(串/并)_____联。

3. 在单控照明线路中,采用空气断路器作为总电源开关,而采用_____作为主控开关,_____作为被控对象。

4. 空气断路器的电路符号用_____表示。

5. 检测线路是否导通需要用数字万用表的_____挡位。

6. 家庭用电的电压是_____V,分别由_____线和_____线组成。

7. 包缠时黄蜡带应与导线成_____左右倾斜角,每圈压叠带宽的_____。

8. 漏电保护装置一般采用_____。

二、选择题

1. 当空气断路器处于打开状态时,用数字万用表检测其是否导通时,万用表应显示( )。

A. 0   B. 1   C. 3   D. 4

2. 当单联开关处于关闭状态时,用数字万用表检测其是否导通时,万用表应显示( )。

A. 0   B. 1   C. 3   D. 4

3. 用来去除导线绝缘层的电气工具是( )。

A. 剥线钳   B. 尖口钳   C. 斜口钳   D. 电工刀

4. 在潮湿场所应使用( )。

A. 绝缘黑胶布   B. 聚氯乙烯绝缘胶带   C. 塑料胶带   D. 黄蜡带

三、判断题

1. 单控照明线路就是一个开关单独控制一盏灯。 ( )

2. 电子节能灯的文字符号是 HL。 ( )

3. 家庭用电的额定电压是直流 220V。   （　　）

4. 在使用万用表蜂鸣挡测量空气断路器的两组输入输出,万用表显示为"0"或显示很小
的数值,表示被测对象之间不导通。   （　　）

5. 空气断路器可以水平或垂直安装。   （　　）

6. 节能灯灯座中心点接相线。   （　　）

7. 一般情况下,电源线的连接按照左"零"右"火"的顺序进行安装。   （　　）

8. 照明电路的常见故障主要有开路、断路和漏电 3 种。   （　　）

9. 万用表使用结束要将电源关闭。   （　　）

10. 线头绝缘层的剥削,剥削长度为线芯直径的 100 倍左右,用剥线钳去掉氧化层。

（　　）

四、简答题

1. 试分析当单联开关接触不良时,会产生什么故障。

2. 试分析当灯座内部发生断路时,会产生什么故障现象,如何排除故障。

五、设计题

1. 请根据本项目的学习内容,在单控照明线路的基础上,再加一路单联开关照明线路,并
画出其线路原理图。

2. 如何实现一个单联开关同时控制两盏灯的亮灭？画出其线路原理图。

项目 5 安装与检修双联开关照明线路

项目目标

1. 知道双联开关照明线路的原理及应用。
2. 学会双联开关的接线方法。
3. 能根据要求进行双联开关照明线路的工程设计与安装。
4. 会检查、排除双联开关照明线路常见故障。

项目描述

在简单照明线路中,一个开关可以控制电灯的亮灭,虽然这种控制方式非常便捷,但是却存在着一些不便。比如在楼下开灯后,在楼上如何关灯;又比如在房间门口开灯后,如何在房间里面关灯,诸如此类情况需要实现两地控制,简单照明线路就无法实现,这时需要加入双联开关,以实现在两个不同位置分布安装开关,两个开关都可以控制灯的亮灭,这样的线路称为双联开关照明线路。双联开关照明线路用于楼梯上下,可以使人们在上下楼梯时,都能开启或关闭电灯,这样既方便使用又节约电能。

双联开关控制照明示意图如图 3-5-1 所示。

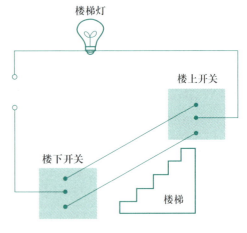

图 3-5-1 双联开关控制照明示意图

这个项目的基本操作步骤可以分为:清点工具和仪表→认识原理图→选用元器件及导线→元器件检查→安装元器件→安装 PVC 管→连接导线→自检。

整个控制线路采用空气断路器作为总电源开关,采用双联开关作为主控开关,节能灯作为被控对象。整个线路将安装在配线木板上,所需材料见表 3-5-1,所需工具、仪器仪表见表 3-5-2。

表 3-5-1 材 料

序号	型号及符号	名称	作用	数量
1	QF	空气断路器	总电源控制	1 个
2	EL	节能灯	照明	1 个
3	SA1、SA2	双联开关	控制节能灯	2 个
4	红色、绿色	单芯铜线	导线连接	若干
5	直径 16mm	阻燃 PVC 管	导线穿接	若干
6	金属导轨	导轨	安装空气开关	1 根
7	电源线	交流 220V 电源引入线	电源引入	1 根
8	配线木板	配线木板	线路装配	1 块

表 3-5-2 工具、仪器仪表

序号	名称	作用	数量
1	螺丝刀	固定螺钉	1 把
2	剥线钳	剥除导线绝缘层	1 把
3	数字式万用表	元器件、线路检测	1 块
4	裁管器	裁剪 PVC 管	1 把
5	弯管器	弯曲 PVC 管	1 根
6	尖口钳	硬导线成形	1 把

项目实施

任务 1 绘制原理图

双联开关照明线路需要实现 SA1 和 SA2 都能够控制灯 EL 的亮灭,根据此功能分析,使用空气断路器 QF 作为总电源开关,使用双联开关 SA1 和 SA2 作为主控开关,而节能灯 EL 作为被控对象。其电路原理图如图 3-5-2 所示。

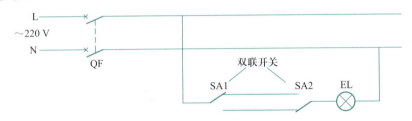

图 3-5-2 双联开关照明线路电气原理图

双联开关照明线路中双联开关有 4 种工作状态。

① SA1 闭合,处于上通下断状态;SA2 断开,处于上断下通状态,线路处于断开状态,如图 3-5-3 所示。

② SA1 断开,处于上断下通状态;SA2 断开,处于上断下通状态,线路处于导通状态,如图 3-5-4 所示。

图 3-5-3 线路断开   图 3-5-4 线路导通

③ SA1 断开,处于上断下通状态;SA2 闭合,处于上通下断状态,线路处于断开状态,如图 3-5-5 所示。

④ SA1 闭合,处于上通下断状态;SA2 闭合,处于上通下断状态,线路处于导通状态,如图 3-5-6 所示。

图 3-5-5　线路断开　　　　　　图 3-5-6　线路导通

任务 2　选用元器件

一、选用元器件

根据元器件选用原则和方法,以及国家相关的技术文件和电气元器件选型表,选择元器件,见表 3-5-3。

表 3-5-3　元器件明细

序号	名称	型号与规格	单位	数量	备注
1	空气断路器	DZ47-60	个	1	
2	双联开关	型号自定	个	2	
3	节能灯	自定	个	1	
4	阻燃 PVC 管	直径 16mm	m	若干	
5	单芯导线	BV-1.5 单芯铜线	m	若干	
6	导轨	自定	根	1	
7	电源引入线	交流 220V 引入线	根	1	

二、元器件检测

配备所需元器件后,需先进行元器件检测。

1. 空气断路器的检测

用数字式万用表对空气断路器进行检测,参考项目 4。

2. 双联开关的检测

检测双联开关的方法和检测空气断路器的方法基本一致,在开关断开和闭合的情况下,分别测其阻值。开关断开时,阻值很大,接近于无穷;开关闭合时,阻值很小,接近于零。

用数字式万用表检测双联开关的方法见表3-5-4。

表 3-5-4　双联开关的检测

元器件	检测方法	图片示意
双联开关 下通上断	按下开关的下部,双联开关处于下通上断状态,用万用表蜂鸣器挡检测开关的中间和下面两个端子,正常情况下,应该导通,万用表应该显示"0"或显示很小数值,表示被测对象之间导通 用万用表蜂鸣器挡检测开关的中间和上面两个端子,正常情况下,应不导通,万用表应该显示"1"或"O.L",表示被测对象之间不导通	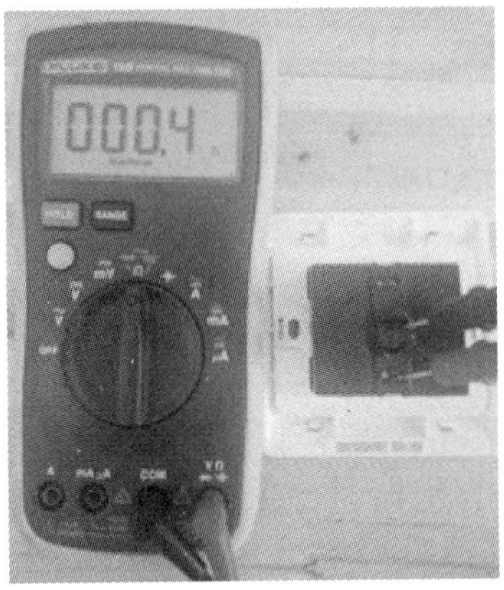 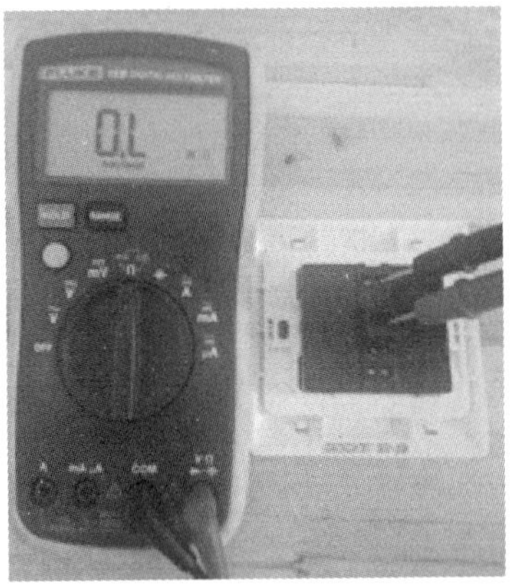
双联开关 上通下断	按下开关的上部,双联开关处于下断上通状态,用万用表蜂鸣器挡检测开关的中间和下面两个端子,正常情况下,应该不导通,万用表应该显示"1"或者"O.L",表示被测对象之间不导通 用万用表蜂鸣器挡检测开关的中间和上面两个端子,正常情况下,应该导通,万用表应该显示"0"或者显示很小数值,表示被测对象之间导通	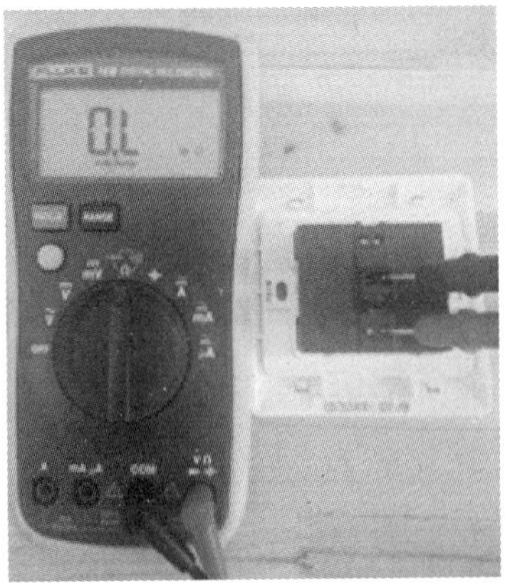

元器件	检测方法	图片示意
双联开关 上通下断		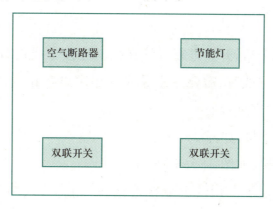

任务 3　安装元器件

一、绘制元器件布置图

整体线路将安装在一块配线木板上,为了安装合理以及安装正确,首先画出采用配线木板的模拟电器布置图。元器件布置图如图 3-5-7 所示。

```
空气断路器        节能灯


双联开关         双联开关
```

图 3-5-7　元器件布置图

二、固定元器件

设计好元器件的布局后,就可以将各个元器件分别固定在配线木板上,安装元器件的过程及方法参照本单元项目 4。

任务4 连接导线

一、绘制布局接线图

将所有的元器件安装完毕后,根据电气原理图,绘制出线路的模拟接线图。图3-5-8所示为采用配线木板的线路连接图。

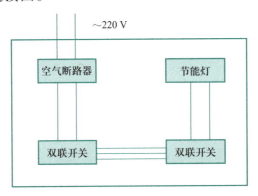

图3-5-8 线路连接图

二、连接导线

选择好合适的工具、仪表后,开始进行导线连接。连接导线之前,要先把导线穿在PVC管内,再进行导线连接。连接导线时,需要注意导线的顺序以及相线、中性线的方位。一般情况下,按照左"零"右"火"的顺序进行安装。

① 空气断路器导线的连接,如图3-5-9所示。

② 双联开关导线的连接,如图3-5-10所示。

在图3-5-10中,接线端子1用红色导线连接在一起,接线端子2用红色导线连接在一起,接线端子3用红色导线连接在一起。其中左侧的接线端子1还与空气断路器相连,右侧的接线端子1还与节能灯灯座相连。

③ 节能灯灯座导线的连接,如图3-5-11所示。

注意:节能灯灯座连接导线时,灯座螺旋套接中性线,灯座顶端的弹簧片接相线。如果相线接在灯座螺旋套上,容易造成触电事故。

④ 将双联开关的面板安装在开关盒上,如图3-5-12所示。将节能灯安装在灯座上,如图

3-5-13所示。

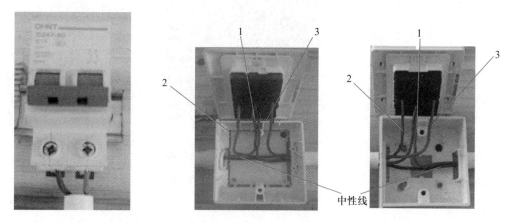

图 3-5-9　空气断路器导线的连接　　　　图 3-5-10　双联开关导线的连接

图 3-5-11　灯座导线的连接　　　　图 3-5-12　安装开关面板

⑤ 交流 220V 电源接入端导线的连接,如图 3-5-14 所示。

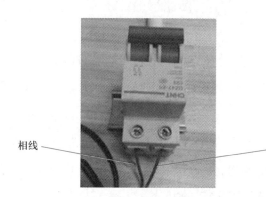

图 3-5-13　安装节能灯　　　　图 3-5-14　电源接入端导线的连接

⑥ 整体效果图如图 3-5-15 所示。

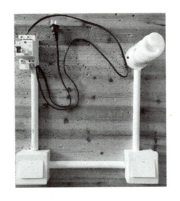

图 3-5-15　整体效果图

⑦ 自检。

安装完成后,必须按要求进行检查。

对照电路图,检查线路是否存在漏线、错线、掉线、接触不良、安装不牢靠等故障。

注意:在完成双联开关电路连线之后,两只双联开关要保持一开一闭状态,保证在通电之后节能灯不会直接点亮。例如断开 SA1,使得 SA1 处于上断下通状态,闭合 SA2,使得 SA2 处于上通下断状态。

任务5　通 电 调 试

> 提示:必须在教师的现场监护下进行通电调试。

通电调试,验证系统功能是否符合控制要求。

(1) 插上电源线,打开空气断路器。

(2) 功能调试

在功能调试前使开关处于 SA1 断开、SA2 导通状态。

① 闭合双联开关 SA1,使 SA1 处于上通下断状态,节能灯点亮。

② 断开双联开关 SA1,使 SA1 处于上断下通状态,此时节能灯应该熄灭。

③ 断开双联开关 SA2,使 SA2 处于上断下通状态,节能灯点亮。

④ 闭合双联开关 SA2,使 SA2 处于上通下断状态,此时节能灯应该熄灭。

多次转变开关 SA1 和 SA2 的状态,查看节能灯是否工作正常。如果工作不正常,则需要进行故障检修。

任务6 故障检修

1. 开关的常见故障及排除方法

开关的常见故障及排除方法见表3-5-5。

表3-5-5 开关的常见故障及排除方法

故障现象	产生原因	排除方法
开关操作后电路不通	接线螺钉松脱,导线与开关导体不能接触	打开开关,紧固接线螺钉
	内部有杂物,使开关触片不能接触	打开开关,清除杂物
	机械卡死,拨不动	给机械部位加润滑油,机械部分损坏严重时,应更换开关
接触不良	压线螺钉松脱	打开开关盖,压紧界限螺钉
	开关触点上有污物	断电后,清除污物
	拉线开关触点磨损、打滑或烧毛	断电后修理或更换开关
开关烧坏	负载短路	处理短路点,并恢复供电
	长期过载	减轻负载或更换容量大一级的开关
漏电	开关防护盖损坏或开关内部接线头外露	重新配全开关盖,并接好开关的电源连接线
	受潮或受雨	断电后进行烘干处理,并加装防雨措施

2. 节能灯的常见故障及排除

节能灯的常见故障及排除方法见表3-5-6。

表3-5-6 节能灯的常见故障及排除方法

故障现象	产生原因	排除方法
灯不亮	灯烧坏	更换节能灯
	灯座或开关触点接触不良	把接触不良的触点修复,无法修复时,应更换完好的触点
	停电或电路开路	修复线路
	电源熔断器熔丝烧断	检查熔丝烧断的原因并更换新熔丝

故障现象	产生原因	排除方法
灯强烈发光后瞬时烧毁	灯的额定电压低于电源电压	换用额定电压与电源电压一致的节能灯
灯光忽亮忽暗，或忽亮忽熄	灯座或开关触点（或接线）松动，或因表面存在氧化层（铝质导线、触点易出现该现象）	修复松动的触点或接线，去除氧化层后重新接线，或去除触点的氧化层
	电源电压波动（通常附近有大容量负载，经常启动引起）	更换配电所变压器，增加容量
	熔断器熔丝接头接触不良	重新安装，或加固压紧螺钉
	导线连接处松散	重新连接导线
开关合上后熔断器熔丝烧断	灯座或挂线盒连接处两线头短路	重新接线头
	螺口灯座内中心铜片与螺旋铜圈相碰、短路	检查灯座并扳准中心铜片
	熔丝太细	正确选配熔丝规格
	线路短路	修复线路
	用电器发生短路	检查用电器并修复
灯光暗淡	灯座、开关或导线对地严重漏电	更换完好的灯座、开关或导线
	灯座、开关接触不良，或导线连接处接触电阻增加	修复、接触不良的触点，重新连接接头
	线路导线太长太细，线路电压降太大	缩短线路长度，或更换较大截面的导线
	电源电压过低	调整电源电压

项目评价

项目评价见表3-5-7。

表 3-5-7　项 目 评 价

序号	内容	评分标准	扣分点	得分
1	安全操作规范（10分）	（1）不穿绝缘鞋、不戴安全帽进入工作场地,扣2分 （2）错误使用万用表进行故障点检测,扣1分 （3）由于操作不当造成设备出现短路跳闸,扣2分 （4）带电测试造成万用表损坏,扣5分 （5）用手触摸任何金属触点,扣2分 （6）带电操作,扣5分 （7）当教师发现有重大安全隐患时可立即予以制止,并扣5分		
2	合理布局（20分）	（1）电气元件布局不合理,每个扣5分; （2）总体布局不合理,扣10分		
3	正确接线（40分）	（1）每接错一根线,扣5分 （2）导线接触不良,每根扣2分 （3）导线颜色用错,扣2分 （4）每漏接一根导线,扣5分		
4	故障检修（30分）	（1）故障现象描述每错一处,扣2分 （2）故障现象描述每空一处,扣3分 （3）故障排除过程描述不完整,扣1分 （4）故障排除过程描述错误,扣2分 （5）故障点描述每错一处,扣5分 （6）故障点描述每空一处,扣5分		
5	总评			

知识链接

　　现代社会高速发展,生活也变得越来越便利,人们已经不满足于单地、两地控制电器,从而又发展了三地控制,甚至是多地控制,这样可以实现在多个不同的地方来控制电器电源的导通与断开,使得操作便利程度大大增加。

　　三联开关即 3 个不同地点的开关可以任意地用其中一个开关随意控制一个灯,它的电路较复杂,必须要用一个双刀双掷开关。然后用两个接线端子接成模块,做上标记,用的时候只需要把每根线接到相应的端子上就可以了。三地控制电路原理图如图 3-5-16 所示。

　　图 3-5-16 中,S1 和 S3 就是普通的双联开关,中间的开关比较特殊,称为中途开关(或中途掣开关、双路换向开关)。在别墅、复式等大面积房型或一些公共场所中,可能会有一

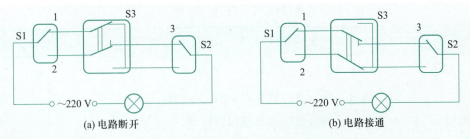

(a) 电路断开   (b) 电路接通

图 3-5-16　三地控制电路原理图

个电器(常见为照明电器)需要在 3 个甚至更多位置进行通断控制。中途开关就是为了满足这种需求而设计的。

如果还想实现更多地方的控制,比如四地、五地等,可以通过图 3-5-17 来实现。

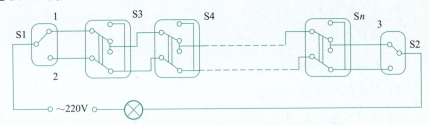

图 3-5-17　多地控制开关接线图

项目总结

1. 在双联开关照明线路中,学习重点是双控照明线路的工作过程,其控制核心是两个双联开关,无论在何时何地随意按下 SA1 或者 SA2 都可以实现被控对象的亮和灭,两个双联开关共有 4 种工作状态。

(1) SA1 闭合,处于上通下断状态;SA2 断开,处于上断下通状态,线路处于断开状态。

(2) SA1 断开,处于上断下通状态;SA2 断开,处于上断下通状态,线路处于导通状态。

(3) SA1 断开,处于上断下通状态;SA2 闭合,处于上通下断状态,线路处于断开状态。

(4) SA1 闭合,处于上通下断状态;SA2 闭合,处于上通下断状态,线路处于导通状态。

2. 本项目的学习难点是双控线路的接线方法。在进行接线之前,要做好充分的准备工作,用万用表确定双联开关的动合、动断触点之后才能参考线路原理图进行接线。在接线过程中,要严格按照操作步骤以及接线工艺进行接线。

3. 如果通电之后,发现照明线路存在故障,那就需要根据故障现象分析故障范围,然后使用仪器仪表进行故障检测,直至查到故障点,并彻底排除故障,还需要反思造成故障的原因。

复习与思考

一、填空题

1. 双联开关照明线路实质就是由两个_____开关控制一盏灯的线路。

2. 在双控照明线路中,空气断路器的作用是_____,而采用双联开关作为主控开关,_____作为被控对象。

3. 双联开关的电路符号用_____表示,节能灯的电路符号是_____。

4. 检测开关是否闭合时,需要用万用表的_____挡位。

5. 用万用表检测双联开关,万用表显示"0",表示_____,万用表显示"1",表示_____。

6. 导线连接时需要注意导线的顺序以及相线、中性线的方位,一般情况下,按照_____的顺序进行安装。

7. 短路故障表现为_____。

8. 开关若受潮或受雨,断电后进行_____处理,并加装防雨措施。

9. 线路完成后,对照电路图,检查线路是否存在_____等故障。

二、选择题

1. 在双联开关照明线路中,双联开关有( )种工作状态。

A. 0   B. 1   C. 3   D. 4

2. 当双联开关处于打开状态时,用数字式万用表检测其是否导通时,万用表应显示( )。

A. 0   B. 1   C. 3   D. 4

3. 用来对单芯导线弯折成形的电气工具是( )。

A. 剥线钳   B. 尖口钳   C. 斜口钳   D. 美工刀

4. 空气断路器一般安装在( )上。

A. 金属导轨   B. 木工板   C. 开关座   D. 灯座

5. 在双联开关照明线路中,双联开关共有( )个触点。

A. 0   B. 1   C. 3   D. 4

三、判断题

1. 双联开关照明线路需要用到两个单控开关。 （　　）
2. 双联开关照明线路连接导线采用 2.5 mm^2 的单芯铜导线。 （　　）
3. 双联开关照明线路中双联开关有 4 种工作状态。 （　　）
4. 在电路安装前需要对空气断路器和双联开关进行检测。 （　　）
5. 可以用万用表电阻挡检测开关的通断。 （　　）
6. 照明线路常见故障主要有短路、断路和漏电 3 种。 （　　）
7. 因为照明线路中装有漏电保护器，所以不用担心线路发生漏电事故。 （　　）
8. 节能灯灯光忽明忽暗一定是导线连接松动造成的。 （　　）
9. 通过 3 个双联开关就可以实现照明线路的三地控制。 （　　）
10. 在连接双联开关照明线路时，相线直接连接到节能灯 EL 上。 （　　）

四、简答题

1. 试分析当双联开关 SA1 接触不良时，会产生什么故障。
2. 为什么相线要接开关，中性线接灯座，而不能换成相线接灯座，中性线接开关？
3. 双联开关照明线路通电前应如何检测？ 常见故障有哪些？ 该如何排除故障？
4. 照明开关的安装要求有哪些？
5. 试用 4 个双联开关实现照明线路的三地控制。

五、设计题

1. 请设计出 3 个开关控制一盏灯的照明线路，并画出设计原理图。
2. 在双控电路中，如何实现两个开关同时控制两盏灯亮灭？ 请画出原理图并说明其原理。

项目6 安装与检修单控荧光灯线路

项目目标

1. 理解单控荧光灯线路的电路原理图及工作原理。
2. 掌握单控荧光灯线路的组成部件及作用。
3. 学会单控荧光灯线路的接线方法及常见故障的排除方法。

项目描述

小红家最近正在装修房子,她对负责装修的电工师傅提了一个小小要求:要在卫生间里的镜子上方安装一盏荧光灯,这盏灯只需要一个开关进行单独控制就可以。

在实际的家庭线路中,有许多这样的场合,这种场合需要一个开关单独控制一盏灯的亮灭,如卫生间灯、阳台灯等。

通过对单控照明线路的学习,我们已经知道它其实就是一个开关单独控制一盏灯。而本项目亦是如此,只是将普通的节能灯换成了荧光灯。

项目准备

这个项目的基本操作步骤可以分为:清点工具和仪表→认识原理图→选用元器件及导线→元器件检查→安装元器件→安装 PVC 管→连接导线→自检。

整个控制线路采用空气断路器作为总电源开关,采用单联开关作为主控开关,荧光灯作为被控对象。整个线路将安装在配线木板上,所需材料见表 3-6-1,所需工具、仪器仪表见表3-6-2。

表 3-6-1 材 料

序号	型号及符号	名称	作用	数量
1	QF	空气断路器	总电源控制	1 个
2	YZ	荧光灯套件	照明	1 个
3	SA	单联开关	控制荧光灯	1 个
4	红色、蓝色	单芯铜线	导线连接	若干
5	直径 16mm	阻燃 PVC 管	导线穿接	若干
6	金属导轨	导轨	安装空气断路器	1 根
7	电源线	交流 220V 电源引入线	电源引入	1 根
8	配线木板	配线木板	线路装配	1 块

表 3-6-2 工具、仪器仪表

序号	名称	作用	数量
1	螺丝刀	固定螺钉	1 把
2	剥线钳	剥除导线绝缘层	1 把
3	数字式万用表	器件、线路检测	1 块
4	裁管器	裁剪 PVC 管	1 把
5	弯管器	弯曲 PVC 管	1 根
6	尖口钳	硬导线成形	1 把

项目实施

任务 1 识读原理图

根据功能分析,使用空气断路器 QF 作为总电源开关,使用单联开关 SA 作为主控开关,而荧光灯套件 YZ 作为被控对象。该套件由镇流器、灯管、启辉器等组成。单控荧光灯电路原理图如图 3-6-1 所示。

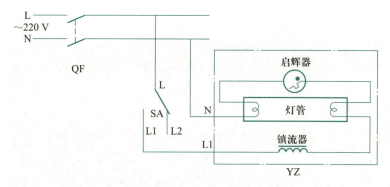

图 3-6-1　单控荧光灯电路原理图

任务 2　选用元器件

一、选用元器件

根据元器件选用原则和方法,以及国家相关的技术文件和电器元件选型表,选择元器件,见表 3-6-3。

表 3-6-3　元器件明细

序号	名称	型号与规格	单位	数量	备注
1	空气断路器	DZ47-60	个	1	
2	单联开关	一开双联开关,型号自定	个	1	
3	荧光灯套件	自定	个	1	
4	阻燃 PVC 管	直径 16mm	m	若干	
5	单芯导线	BV-1.5 单芯铜线	m	若干	
6	导轨	自定	根	1	
7	电源引入线	交流 220V 引入线	根	1	

二、元器件检测

配备所需元器件后,需先进行元器件检测。这里只介绍荧光灯的检测方法,其余元器件的检测请参考以前所学项目。

本项目所用荧光灯套件主要由灯管、启辉器和启辉器座、镇流器、灯架和灯座(灯脚)等组成,如图 3-6-2 所示。

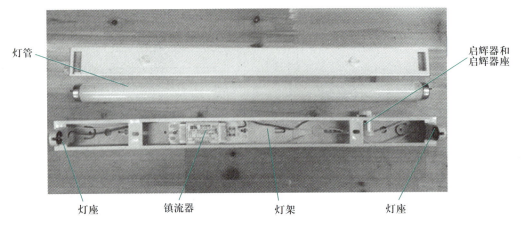

图 3-6-2　荧光灯套件

1. 灯管的检测

灯管由玻璃管、灯丝、灯头、灯脚等组成。玻璃管内抽成真空后充入少量汞(水银)和氩等惰性气体,管壁涂有荧光粉,在灯丝上涂有电子粉。灯管常用规格有 6W、8W、12W、15W、20W、30W、40W 等。灯管外形除直线形外,还有环形和 U 形等形状。

用数字式万用表检测灯管的方法见表 3-6-4。

表 3-6-4　灯管的检测

元器件	检测方法	图片示意
灯管	用万用表蜂鸣挡分别检测灯管的两组灯脚,正常情况下,蜂鸣器发出声音且阻值显示为几欧。 　　实际生活中通常对灯管进行通电测验才可判别其好坏	

2. 启辉器与启辉器座的检测

启辉器由氖泡(也称为跳泡)、纸介质电容、出线脚和外壳等组成。氖泡内装有动触片和静触片,如图 3-6-3 所示。常用规格有 4~8W、15~20W 和 30~40W 以及通用型 4~40W 等。

并联在启辉器氖泡上的电容器有两个作用:一是与镇流器线圈形成 LC 振荡电路,能延长灯丝的预热时间和维持感应电动势;二是能吸收干扰收音机和电视机的交流噪声。

启辉器座常用塑料或胶木制成,用于放置启辉器,如图 3-6-3 所示。

我们无法通过常用仪器仪表对启辉器进行好坏的判别,只能通过替换法进行检测。

图 3-6-3 启辉器与启辉器座

3. 镇流器的认识与检测

我国常用的镇流器一般分为电感镇流器和电子镇流器两大类。本项目所采用的是电感镇流器。电感镇流器又可称为铁心镇流器,它主要由铁心和线圈等组成。使用时镇流器的功率必须与灯管的功率及启辉器的规格相符。

镇流器在电路中除上述作用外还有两个作用:一是在灯丝预热时限制灯丝所需的预热电流,防止预热电流过大而烧断灯丝,保证灯丝电子的发射能力;二是在灯管启辉后,维持灯管的工作电压和限制灯管的工作电流在额定值,以保证灯管稳定工作。

用数字式万用表检测镇流器的方法见表 3-6-5。

表 3-6-5 镇流器的检测

元器件	检测方法	图片示意
镇流器	用万用表电阻挡检测镇流器的电阻时,正常情况下,阻值显示为几十欧左右	

4. 灯架

有木质和铁制两种,规格应与灯管相配套。

5. 灯座

灯座有开启式和弹簧式两种。大型灯座适用于 15W 及其以上的灯管;小型灯座适用于 6~12W 的灯管。

三、荧光灯的工作原理

闭合单联开关接通电源后,电源电压经镇流器灯管两端的灯丝,加在启辉器的∩形动触片和静触片之间,引起辉光放电。放电时产生的热量使得用双金属片制成的∩形动触片膨胀并向外伸展,与静触片接触,使灯丝预热并发射电子。在∩形动触片与静触片接触时,两者间电压为零而停止辉光放电,∩形动触片冷却收缩并复原而与静触片分离。在动、静触片断开瞬间,镇流器两端产生一个比电源电压高得多的感应电动势,这个感应电动势与电源电压串联后加在灯管两端,使灯管内惰性气体被电离而引起弧光放电。随着灯管内温度升高,液态汞汽化游离,引起汞蒸气弧光放电而发出肉眼看不见的紫外线,紫外线激发灯管内壁的荧光粉后,发出近似日光的可见光。

任务 3　安装元器件

一、绘制元器件布置图

整体线路将安装在一块配线木板上,为了安装合理以及安装正确,首先画出采用配线木板的模拟电器布置图。单控荧光灯线路元器件布置图如图 3-6-4 所示。

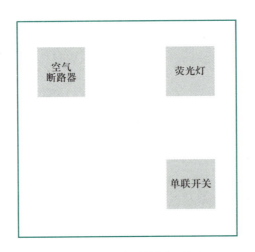

图 3-6-4　元器件布置图

二、固定元器件

设计好元器件的布局后,就可以将各个元器件分别固定在配线板上,安装元器件的过程及方法见表 3-6-6。

表 3-6-6　安装元器件的过程及方法

安装步骤	安装内容	安装要点	图片示意
1	安装导轨	将导轨放置在木板的左上角,通过两颗自攻螺钉将其固定好	
2	安装空气断路器	将导轨固定好之后,可以将空气断路器安装在导轨上 (1) 安装空气断路器时必须在断电情况下操作 (2) 安装位置及各元器件间的相互距离应适合 (3) 应垂直安装,并应能防止电弧飞溅到临近带电体 (4) 接入线和出线端切勿弄错,注意是"上"进"下"出	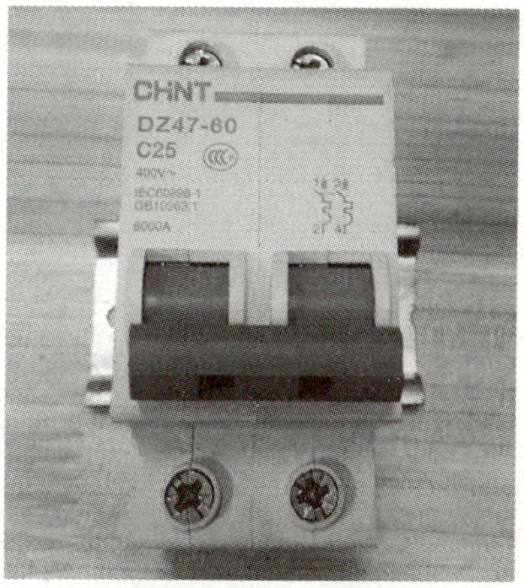
3	安装单联开关盒	把开关盒放在右下角位置,以便于动手操作。开关盒用两颗自攻螺钉将其固定好	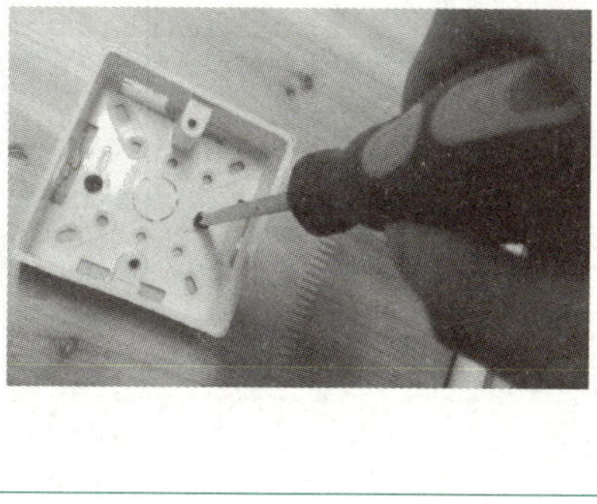

安装步骤	安装内容	安装要点	图片示意
4	安装荧光灯灯座	为正常使用荧光灯,需要先把相应的灯座安装好。在灯座的下方装接电线后,使用两颗自攻螺钉将灯座固定好	 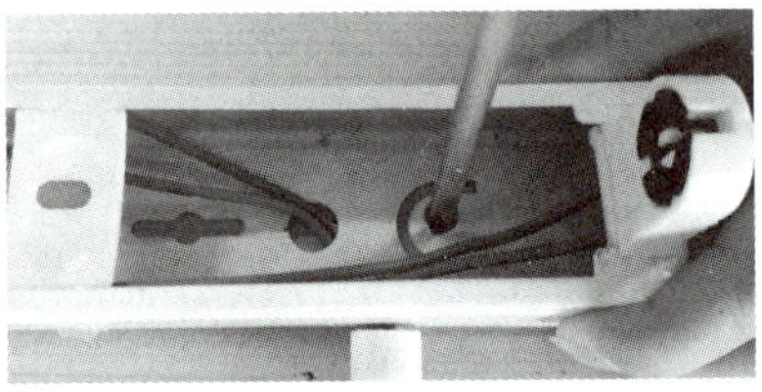
5	安装荧光灯灯管	先将底座的盖子盖上,然后将荧光灯的一端灯脚轻轻安装到灯座一端,再安装另一端灯脚,然后按顺时针方向旋转灯管,注意切勿蛮力旋转	 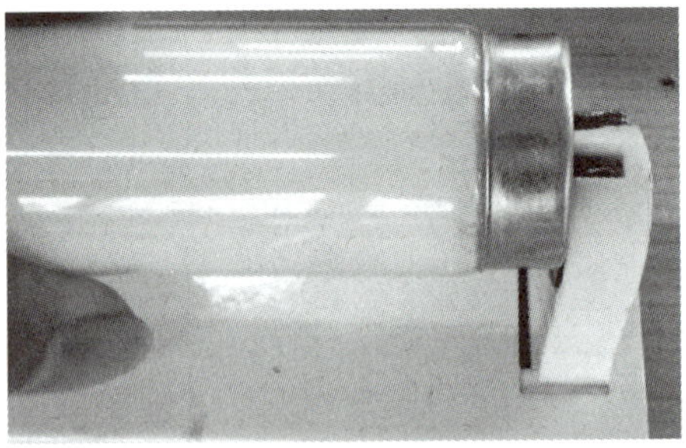  

安装步骤	安装内容	安装要点	图片示意
6	安装PVC管	根据固定好的元器件,裁剪长度合适的PVC管,如果需要将PVC线管弯成90°角度,需要先将弯管器塞进PVC管内,手动将PVC线管弯曲至90°后,再将弯管器拉出来即可。最后将裁剪和弯曲好的PVC管安装在配线木板上	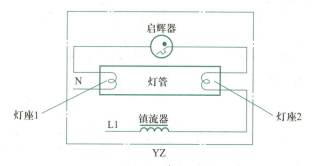

任务4 连接导线

在连接外部元器件的导线之前应先认识荧光灯套件内部的接线。图3-6-5所示为荧光灯套件内部接线图。

启辉器

N 灯管

灯座1 灯座2

L1 镇流器

YZ

图3-6-5 荧光灯套件内部接线图

荧光灯套件分立元器件接线图见表3-6-7。

表 3-6-7　荧光灯套件分立元器件接线图

连接元器件	连接图示	注意事项
启辉器座	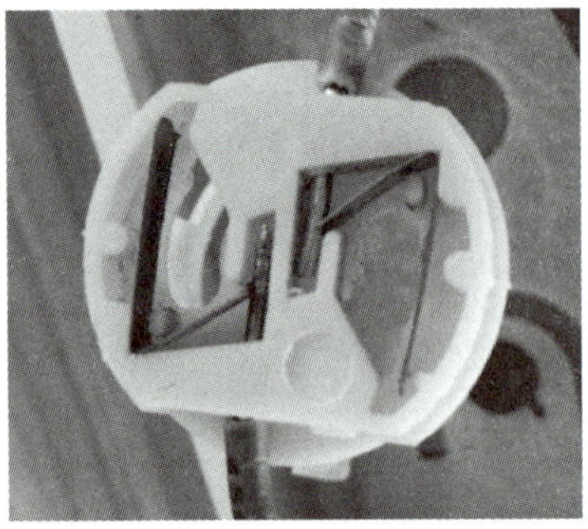	启辉器座的两端分别用导线接于灯座 1 和灯座 2
灯座	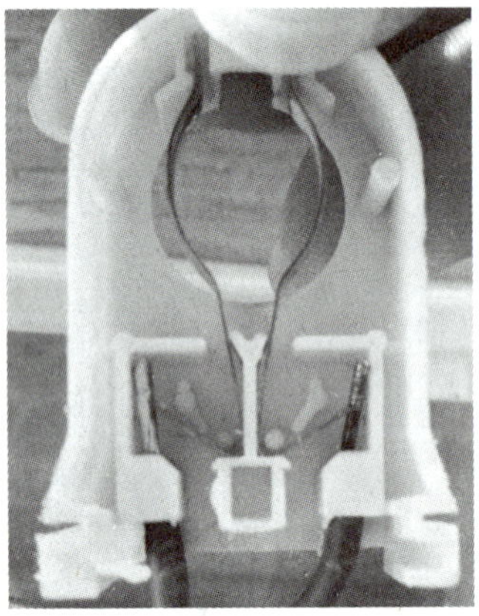	共两个灯座,灯座 1 的两端分别接启辉器一端和中性线。灯座 2 的两端分别接启辉器另一端和镇流器
镇流器	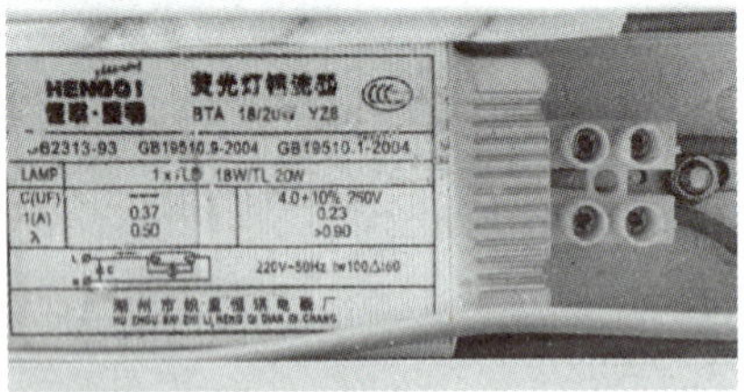	镇流器一端接灯座 2,另一端接于单联开关的 L1 处

一、绘制布局接线图

将所有的元器件安装完毕后,根据电气原理图,绘制出线路的模拟接线图。
图 3-6-6 所示为采用配线木板的单控荧光灯线路连接图。

二、连接导线

选择好合适的工具、仪表后,开始进行导线的连接。连接导线之前,要先把导线穿在 PVC 管内,再进行导线的连接。连接导线时,需要注意导线的顺序以及相线、中性线的方位。一般情况下,按照左"零"右"火"的顺序进行安装。线路连接的过程见表 3-6-8。

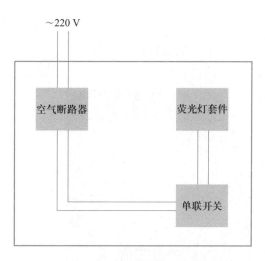

図 3-6-6　線路连接图

表 3-6-8　线路连接的过程

序号	操作内容	过程图示		注意事项
1	空气断路器和单联开关之间导线的连接			注意导线的剥削长度和硬线成形
2	开关和灯座之间导线的连接			由于灯座上自配导线与本项目所用导线粗细规格不同,因此要对不同规格的铜线进行连接并恢复 连接螺钉要旋紧,不要出现松动、接触不良的故障

序号	操作内容	过程图示	注意事项
3	安装开关面板		安装开关面板后,要旋紧两颗螺钉以固定面板
4	整体效果图	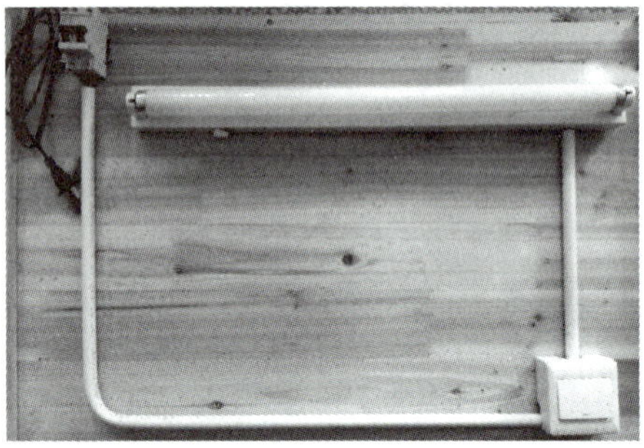	安装完成后,检查线路是否存在漏线、错线、掉线、接触不良、安装不牢靠等故障

三、自检

安装完成后,必须按要求进行检查。

对照电路图,检查线路是否存在漏线、错线、掉线、接触不良、安装不牢靠等故障。

任务 5　通电调试

💡 提示:必须在教师的现场监护下进行通电调试

通电前应用万用表电阻挡检查线路有无短路。

通电调试,验证系统功能是否符合控制要求。

(1)插上电源线,打开空气断路器

(2)功能调试

① 闭合单控开关 SA,若荧光灯点亮,则说明闭合回路正常。

② 再次按下 SA,使开关处于断开状态,此时荧光灯应该熄灭。

多次转变开关状态,查看荧光灯是否工作正常。如果工作不正常,则需要进行故障检修。

任务 6   故 障 检 修

荧光灯常见故障及排除方法见表 3-6-9 所示。

表 3-6-9   荧光灯常见故障及排除方法

故障现象	产生原因	检修方法
荧光灯不能发光	1. 灯座或启辉器底座接触不良 2. 灯管漏气或灯丝断 3. 镇流器线圈短路 4. 电源电压过低 5. 新装荧光灯接线错误	1. 转动灯管,使灯管四极和灯座接触,转动启辉器使启辉器两极与底座两铜片接触,找出原因并修复 2. 用万用表检查或观察荧光灯粉是否变色,如确认灯管已坏,可换新灯管 3. 修理或调换镇流器 4. 不必修理 5. 检查线路
荧光灯灯光抖动或两头发光	1. 接线错误或灯座灯脚松动 2. 启辉器氖泡内动、静触片不能分开或电容器击穿 3. 镇流器配用规格不合格或接头松动 4. 灯管陈旧,灯丝上的电子发射将尽,放电作用降低 5. 电源电压过低或线路电压降过大 6. 气温过低	1. 检查线路或修理灯座 2. 将启辉器取下,用两把螺丝刀的金属头分别触及启辉器底座两块铜片,然后将两根金属杆相碰并立即分开,如灯管能跳亮,则说明启辉器损坏,应更换启辉器 3. 调换镇流器或加固接头 4. 调换灯管 5. 如有条件,升高电压或加粗导线 6. 用热毛巾对灯管进行加热
灯管两端发黑或生黑斑	1. 灯管陈旧 2. 如果灯管是新的,可能因为启辉器损坏,使灯丝发射物质加速挥发 3. 灯管内汞凝结 4. 电源电压太高或镇流器配用不当	1. 调换灯管 2. 调换启辉器 3. 灯管工作后即能蒸发或将灯管旋转 180° 4. 调整电源电压或调换镇流器

故障现象	产生原因	检修方法
灯光闪烁或灯光在灯管内滚动	1. 新灯管暂时现象 2. 灯管质量不好 3. 镇流器配用规格不符或接线松动 4. 启辉器损坏或接线不好	1. 开关几次或对调灯管两端 2. 换一根灯管,试一试有无闪烁 3. 调换镇流器或加固接头 4. 调换启辉器或加固启辉器
灯管光度降低或色彩转差	1. 灯管陈旧 2. 灯管上积垢太多 3. 电源电压太低或线路电压降得太大 4. 气温太低或有冷风直吹灯管	1. 调换灯管 2. 清除灯管积垢 3. 调整电压或加粗导线 4. 加防护罩或避开冷风
灯管寿命短或发光后立即熄灭	1. 镇流器配用规格不当,或质量较差或镇流器内部线圈短路,致使灯管电压过高 2. 受到剧震,使灯丝振断 3. 新装灯管因接线错误将灯管烧坏	1. 调换或修理镇流器 2. 调换安装位置或更换灯管 3. 检修线路
镇流器有噪声或电磁声	1. 镇流器质量较差或铁心的硅钢片未夹紧 2. 镇流器过载或其内部短路 3. 镇流器受热过度 4. 电源电压过高引起镇流器发出声音 5. 启辉器不好,开启有噪声 6. 镇流器有微弱声音,但影响不大	1. 调换镇流器 2. 调换镇流器 3. 检查受热原因 4. 如有条件设法降压 5. 调换镇流器 6. 可用橡胶垫衬垫,以减少震动

项目评价

项目评价见表3-6-10。

表 3-6-10　项 目 评 价

序号	内容	评分标准	扣分点	得分
1	安全操作规范（20分）	（1）不穿绝缘鞋、不戴安全帽进入工作场地，扣2分 （2）错误使用万用表进行故障点检测，扣1分 （3）由于操作不当造成设备出现短路跳闸，扣2分 （4）带电测试造成万用表损坏，扣3分 （5）用手触摸任何金属触点，扣2分 （6）带电操作，扣5分 （7）当发现有重大安全隐患时可立即予以制止，扣5分		
2	合理布局（20分）	（1）电气元件布局不合理，扣10分 （2）总体布局不合理，扣10分		
3	正确接线（40分）	（1）每接错一根线，扣5分 （2）导线接触不良，每根扣2分 （3）导线颜色用错，扣2分 （4）每漏接一条导线，扣5分		
4	故障检修（20分）	（1）故障现象描述每错一处，扣2分 （2）故障现象描述每空一处，扣3分 （3）故障排除过程描述不完整，扣2分 （4）故障排除过程描述错误，扣2分 （5）故障点描述每错一处，扣5分 （6）故障点描述每空一处，扣5分		
5	总评			

知识拓展

　　通过本项目的学习，我们掌握了单控荧光灯照明线路的安装方法和工作原理，但在实际应用中，往往需要安装双控荧光灯照明线路。双控荧光灯照明线路原理图如图 3-6-7 所示。图 3-6-8 所示为采用配线木板的双控荧光灯线路接线图。图3-6-9所示为双控荧光灯线路的整体效果图。

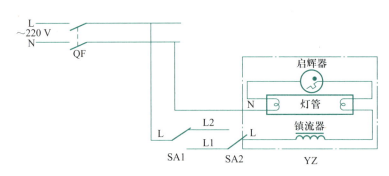

图 3-6-7　双控荧光灯照明线路原理图

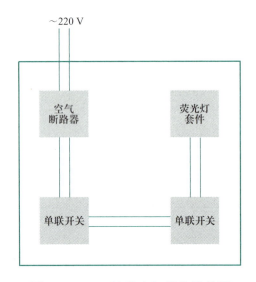

图 3-6-8　双控荧光灯线路接线图

图 3-6-9　双控荧光灯线路的整体效果图

知识链接

荧　光　灯

　　荧光灯分为传统型荧光灯和无极荧光灯。传统型荧光灯内装有两个灯丝,灯丝上涂有电子发射材料三元碳酸盐,俗称电子粉。在交流电压作用下,灯丝交替地作为阴极和阳极,灯管内壁涂有荧光粉,荧光粉不同,发出的光线也不同,这就是荧光灯可做成白色和各种彩色的缘由。由于荧光灯所消耗的电能大部分用于产生紫外线,因此,荧光灯的发光效率远比白炽灯和卤钨灯高,属于节能电光源。无极荧光灯即无极灯,它取消了传统荧光灯的灯丝和电极,利用电磁耦合的原理,使汞原子从原始状态激发成激发态,其发光原理和传统荧光灯相似,具有寿命长、光效高、显色性好等优点。

　　常见的荧光灯有如下几种:

① 直管形荧光灯　这种荧光灯属双端荧光灯。为了方便安装、降低成本和安全起见，许多直管形荧光灯的镇流器都安装在支架内，构成自镇流型荧光灯。

② 彩色直管型荧光灯　它适用于商店橱窗、广告或类似场所的装饰和色彩显示。

③ 环形荧光灯　除形状外，环形荧光灯与直管形荧光灯没有多大差别。主要提供给吸顶灯、吊灯等作配套光源，供家庭、商场等照明用。

④ 单端紧凑型节能荧光灯　这种荧光灯的灯管、镇流器和灯头紧密地连成一体（镇流器放在灯头内），除了破坏性打击，无法把它们拆卸，故被称为"紧凑型"荧光灯。由于无须外加镇流器，驱动电路也在镇流器内，故这种荧光灯也是自镇流荧光灯和内启动荧光灯。

知识链接

电子式镇流器

镇流器分为电子式镇流器和电感式镇流器。

电子式镇流器因具有高效、节能、质量轻等特点，应用越来越广泛。它将市电经整流滤波后，再经 DC/AC 电源变换器（逆变）产生高频电压点亮荧光灯。其特点是荧光灯点燃前高频高压，荧光灯点燃后高频低压（荧光灯工作电压）。为了提高其可靠性，常增设各种保护电路，如异常保护、浪涌电压和电流保护、温度保护等。

电子式荧光灯电路原理图如图 3-6-10 所示，除荧光灯管以外的电路，习惯上称为电子式镇流器。电子式镇流器的作用，是将 50Hz、交流 220V 市电变换为 50kHz 高频交流电，再去点亮荧光灯管。电路图左边"~220V"处为电路输入端，右边荧光灯管为最终负载。

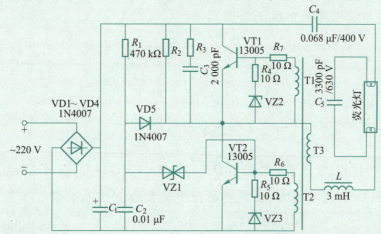

图 3-6-10　电子式荧光灯电路原理图

电子式镇流器由 4 个单元电路组成，如图 3-6-11 所示。

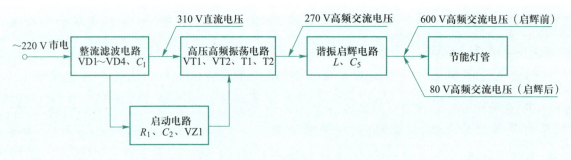

图 3-6-11　电子式镇流器电路方框图

① 整流二极管 VD1~VD4 和滤波电容器 C_1 组成整流滤波电路,其功能是将交流市电转变为直流电。

② 三极管 VT1、VT2 和高频变压器 T1、T2 等组成的高压高频振荡电路,其功能是产生高频交流电。

③ 电阻 R_1、电容 C_2 和双向稳压二极管 VZ1 等组成的启动电路。其功能是在刚接通电源时启动振荡电路。

④ 电容 C_5、电感 L 等组成谐振启辉电路,其功能是产生荧光灯管所需要的启辉高压。

电路工作原理如下:50Hz 的交流 220V 市电接入电路后,直接经整流二极管 VD1~VD4 桥式整流、滤波电容器 C_1 滤波后,输出约 310V 的直流电压(空载时),作为高频振荡器的工作电源。功率开关管 VT1、VT2 和高频变压器 T1、T2 等组成开关式自激振荡器,将 310V 直流电压变换为 50kHz、约 270V 的高频交流电压,作为荧光灯管的工作电压,通过 C_5 和 L 组成的谐振启辉电路送往荧光灯管。C_5 和 L 组成串联谐振电路。谐振电容 C_5 上的谐振电压为回路电压的 Q 倍(约为 600V),加在荧光灯管两端使其启辉点亮。在刚接通电源时,由 R_1、C_2、VZ1 组成的启动电路使自激振荡器起振。

知识链接

安装家用灯具

随着节能灯具的推广,很多家庭已经不再使用荧光灯和白炽灯,而改用节能灯、LED 灯等。

家用灯具类型多样,美观大方,在照明的同时还能起到装饰效果。下面介绍家用灯具安装的相关知识。

1. 家用灯具安装注意事项

(1) 光源色温亮度

灯光的色温应该与居室的气氛一致,至少是要与居室的其他区域的色温相似,如图

3-6-12 所示。

图 3-6-12　不同环境下光源色温亮度

（2）灯具安装的高度

室外一般不低于 3 m，室内一般不低于 2.5 m，如图 3-6-13 所示。

图 3-6-13　不同环境下灯具安装的高度

室内照明开关一般安装在门边便于操作的位置，安装的面板开关一般离地 1.3 m，与门框的距离一般为 0.15～0.2 m，如图 3-6-14 所示。

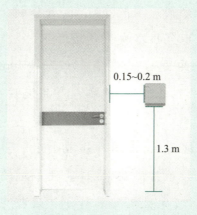

图 3-6-14　室内照明开关安装的位置图

（3）接线

照明装置的接线必须牢固，接触良好。接线时，相线与中性线要严格区分，须经过开关再接到灯头，如图3-6-15所示。

中性线 相线

图3-6-15　室内照明装置接线图

2. 不同灯具的简易安装流程

（1）吸顶灯安装流程

① 选择位置　首先要选择好位置，如客厅、餐厅、厨房的吸顶灯最好安装在正中间，各位置光线较为平均。卧室的吸顶灯安装考虑到光线对睡眠质量的影响，尽量不要安在床上方。

② 拆分面罩　先将其面罩拆分，吸顶灯面罩有旋转和卡扣两种固定方式，拆的时候要注意，以免将吸顶灯弄坏，把面罩取下来后顺便将灯管也取下，防止打碎灯管。

③ 安装底座　底座放在预定位置上，用铅笔在墙面做标记，用电钻在标记位置上钻孔，接着在孔内安装膨胀螺栓，注意钻孔直径和埋设深度要与螺栓规格相符，最后把底座放回预定位置固定就行。

④ 连接电线　安装好底座就要停线停电，注意安全用电，安装时先关闭总电源。与吸顶灯电源线连接的两个线头，要分别用黑胶布包好，并保持一定的距离，如果有可能尽量不将两线头放在同一块金属片下，以免短路发生危险。

⑤ 安装面罩、吊饰　在接好电线后，试通电。假如一切正常，便可以关闭电源再安装面罩。如果吸顶灯还需要装上一系列的吊饰，再参考产品说明书进行安装。

（2）吊灯安装流程

① 吊灯固定　首先要画出钻孔点，使用冲击钻打孔，再将膨胀螺栓打进孔。要先使用金属挂板或吊钩固定顶棚，再连接吊灯底座，这样能使吊灯的安装更牢固。

② 吊灯连接　拧上光头螺钉，底座就安装好了。连接电源电线，铜线外露部分使用绝缘胶布包裹。然后将吊杆与底座连接，调整合适高度。最后将吊灯的灯罩与灯泡安装即可。

（3）射灯安装流程

① 预留射灯位置　主要是嵌入式安装方法，一般根据装修计划预留线路，让工人将天花板开好孔，适当地预留出空槽。

② 射灯连接　在空槽处装上底座，拉出电线，上固定螺钉。连接线头，同时不忘绝缘处理，最后安装射灯。

（4）壁灯安装流程

① 根据挂板上的孔在墙上把需要打膨胀螺栓的位置做记号。

② 用电钻在墙上做好记号的点上钻孔，要注意不要钻到电线，还要注重钻孔的深度。

③ 钻好孔后就可以装膨胀螺栓，先把膨胀螺栓塞进已钻好的孔里，然后用锤子把膨胀螺栓打进墙里，直到全部没入墙内。

④ 把木螺钉穿过壁灯挂板孔，然后固定拧在膨胀螺栓上，要注意两边的固定要交替进行，这样可以避免木螺钉出现偏移。

⑤ 用螺钉把挂板和吸顶盘连接起来，然后拧上光头螺钉把吸顶盘固定好。最后断开电源，连接壁灯电线和电源线，再装上灯即可。

（5）筒灯安装流程

① 开孔　根据筒灯的尺寸、安装位置在顶面划线开孔。

② 接线　将预留电源线与筒灯连接。

③ 调整　调整筒灯固定簧片的蝶形螺母，使簧片的高度与吊顶的厚度相同。

④ 完成　把筒灯推入吊顶开孔处，如需装灯泡的，装上大小合适的灯泡。

3. 节能灯的更换方法

① 关掉家庭电源总闸，站在梯子上旋开节能灯罩外的旋钮，这时候节能灯的外壳就非常轻松地拿下来了，拿下来后可见到灯管的情况，如图 3-6-16 所示。

图 3-6-16　节能灯的更换

② 检查灯管，如发现灯管两边接头处都已变黑，考虑可能是灯管使用时间太长，寿命到了。需要取下坏灯管，换上一只功率相同、大小一样的好灯管。

③ 先把灯管插在整流器电线插座上的插子轻轻拔下来,然后抠开扣在灯管上的铁环,取下灯管。

④ 把新买来的灯管先扣上铁环,铁环一般有 3 个,分别扣在灯管的四周。注意,扣铁环时灯管上的插头和整流器上的小插座要离得很近,以免够不着。

⑤ 把灯管上的小插头和整流器上的小插座接上,再检查一下周围的铁环是否固定牢靠了,然后把手松开。

⑥ 先打开家庭电源总闸再打开电灯开关,观察灯管是否点亮,如果亮了,进行下一步。如果不亮,可能是整流器有故障,要更换整流器。

⑦ 最后安装电灯的外壳,具体方法是:先把灯罩上的旋钮推开,把灯罩扣在灯罩圈上,注意灯罩和灯罩圈的边缘要吻合,然后再把灯罩圈上的几个旋钮分别旋好。

项目总结

1. 在荧光灯照明线路中,学习的重点是照明线路的工作原理以及工作过程。在这个照明线路中,需要特别注意的是镇流器、荧光灯灯管以及启辉器的正确接法。在实际的接线过程中,切勿接错导线,造成不必要的故障。

2. 本项目的学习难点是荧光灯照明线路的接线方法。在进行接线之前,要做好充分的准备工作,那就是用万用表检测控制开关、镇流器以及灯管的好坏,以确定元器件都是完好的,之后才能参考照明线路原理图进行接线。在接线的过程中,要严格按照操作步骤以及接线工艺进行接线。

3. 如果通电之后,发现照明线路存在故障,那就需要根据故障现象分析其故障范围,然后使用仪器仪表进行故障检测,直至查到故障点,并彻底修复故障。如果是人为造成的故障,还需要反思造成故障的原因。

复习与思考

一、填空题

1. 本项目所用荧光灯套件主要由_____、_____、启辉器座、_____、灯架和灯座

(灯脚)等组成。

2. 用万用表分别检测灯管的两组灯脚时,正常情况下,蜂鸣器_____(发出/不发出)声音且阻值显示为几欧左右。

3. 我国常用的镇流器一般分为_____和_____两大类。

4. 用万用表电阻挡检测镇流器两端的电阻时,正常情况下,阻值显示为_____(几十欧/几百欧)左右。

5. 连接导线时,需要注意导线的顺序以及相线、中性线的方位。一般情况下,按照左"_____"右"_____"的顺序进行安装。

6. 单控荧光灯线路的基本操作可以分为:清点工具和仪表、认识原理图、选用元器件及导线、_____、安装元器件、安装 PVC 管、_____、_____。

7. 启辉器由_____、纸介质电容、出线脚和外壳等组成。

8. 镇流器的作用一是在灯丝预热时限制灯丝所需的预热电流,防止预热电流_____而烧断灯丝,保证灯丝电子的发射能力;二是灯管启辉后,维持灯管的_____和限制灯管的_____在额定值,以保证灯管稳定工作。

9. 安装荧光灯灯管时,先将底座的盖子盖上,然后将荧光灯的一端灯脚轻轻安装到灯座一端,再安装另一端灯脚,然后按_____方向旋转灯管,注意切勿蛮力旋转。

10. 安装 PVC 管时,根据固定好的元器件,裁剪长度合适的 PVC 管,如果需要将 PVC 线管弯成一定角度,需要先将_____塞进 PVC 管内,再手动将 PVC 管弯曲后,再将其拉出来即可。

二、选择题

1. 我国常用的镇流器一般分为( )类。

A. 2   B. 3   C. 4   D. 5

2. 通电调试前应用万用表( )检查线路有无短路。

A. 电阻挡   B. 电压挡   C. 电流挡   D. 以上均可

3. 荧光灯不能发光的原因是( )。

A. 灯管或启辉器底座接触不良   B. 镇流器线圈短路

C. 电源电压过低   D. 以上均有可能

4. 用万用表蜂鸣挡分别检测灯管的两组灯脚,正常情况下,蜂鸣挡发出声音且阻值显示为( )欧。

A. 几   B. 几十   C. 几百   D. 几千

5. 实际生活中通常对灯管进行( )才可判别其好坏。

A. 万用表检测   B. 通电检测   C. 肉眼检测   D. 以上均可

三、判断题

1. 实际生活中我们应对灯管进行通电检测才可判别其好坏。　　　　　　　　（　　）

2. 启辉器的检测可通过常用仪器仪表进行好坏的判别,无须通过实际生活中的替换法进行检测。　　　　　　　　　　　　　　　　　　　　　　　　　　　　　　（　　）

3. 通电前应用万用表电阻挡检查线路有无短路。　　　　　　　　　　　　　（　　）

4. 单处控制单灯线路的接线原则是:由一个单极单控开关控制一盏灯(或一组灯)。接线时应将相线接入开关,再由开关引入灯头,中性线也接入灯头,使开关断开后灯头上无电压,确保修理安全。　　　　　　　　　　　　　　　　　　　　　　　　　　　　（　　）

5. 并联在启辉器上的电容器有两个作用:一是与镇流器线圈形成 LC 振荡电路,延迟灯丝的预热时间和维持感应电动势,二是能吸收干扰收音机和电视机的交流噪声。　（　　）

6. 镇流器两端都直接接灯座即可。　　　　　　　　　　　　　　　　　　　（　　）

7. 安装前必须先断电,安装完成后必须按要求进行检查。　　　　　　　　　（　　）

8. 通电调试时,验证系统功能是否符合控制要求,插上电源线,按下开关进行调试即可。　　　　　　　　　　　　　　　　　　　　　　　　　　　　　　　　　　（　　）

9. 配备所需的元器件后,可直接进行元器件的安装。　　　　　　　　　　　（　　）

四、简答题

1. 并联在启辉器氖泡上的电容器有哪些作用?

2. 镇流器有什么作用?

3. 简述荧光灯电路的工作原理。

4. 阐述荧光灯灯光抖动或两头发光所产生的原因。

5. 试绘制出单控荧光灯线路的电路原理图。

第4单元
综合照明线路安装与检修

　　小明家里刚购置了一套新房,准备装修,请你设计和安装配电线路。请你思考应该按照怎样的步骤进行,如何正确选择线材及元器件,在设计和安装过程中有哪些规则需要注意和遵循。现在让我们开始准备吧!

　　图 4-0-1 所示为照明线路布局图,图 4-0-2 所示为实际布线图。

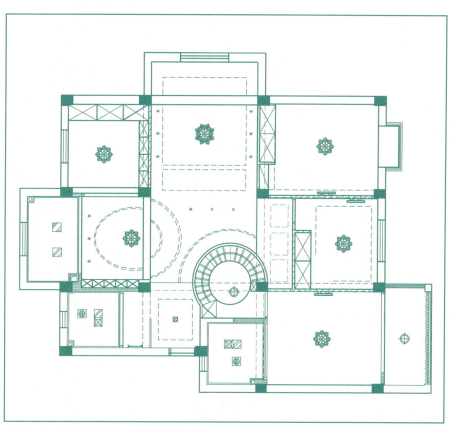

图 4-0-1　照明线路布局图

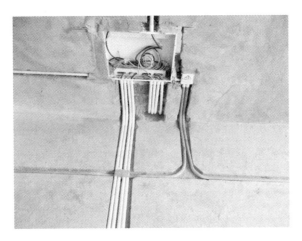

图 4-0-2　实际布线图

项目 7　单相电能表线路的安装与故障排除

项目目标

1. 认识单相电能表。
2. 能正确地将单相电能表接入照明线路中。
3. 会根据故障现象进行简单排故。

项目描述

电能表是专门用来测量电能累积值的仪表,可以计量发电量、用电量、供电量、损耗电量、销售电量等数值,应用非常广泛,如图 4-7-1 所示。

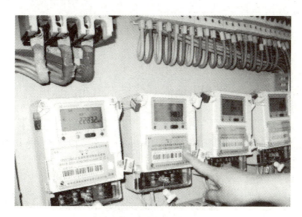

图 4-7-1　电能表

电能表的分类如下:

① 按工作原理分　感应式电能表和电子式电能表。

② 按电能表的用途分　单相电能表、三相有功电能表、三相无功电能表、最大需量表、复费率电能表、损耗电能表。

③ 按所测不同电流种类分　直流式和交流式。

④ 按接线方式不同分　直接接入式、经互感器接入式、经万用互感器接入式。

⑤ 按负载电路不同分　单相电能表、三相三线电能表、三相四线电能表。

⑥ 按电能表等级分　普通有功电能表（0.2 或 0.2s 级、0.5 或 0.5s 级、1.0 级、2.0 级），普通无功电能表（2.0 级、3.0 级），标准电能表（0.5 级、0.2 级、0.05 级、0.02 级、0.01 级）。

项目实施

任务 1　认识电气原理图

图 4-7-2 所示为单相电能表直接接入电路中的电路图。

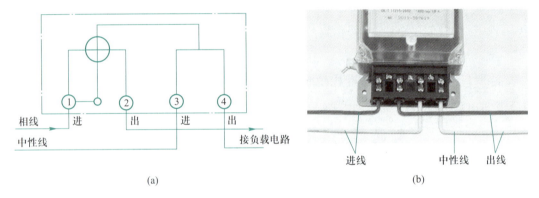

相线　进　出　进　出

中性线　　　　　接负载电路

(a)

进线　中性线　出线

(b)

图 4-7-2　单相电能表直接接入电路中的电路图

单相电能表共有 4 个接线孔，其中 1 为相线进线，3 为中性线进线；2 为相线出线，4 为中性线出线。

当把电能表接入被测电路时，电流线圈和电压线圈中就有交变电流流过，这两个交变电流分别在它们的铁心中产生交变的磁通；交变磁通穿过铝盘，在铝盘中感应出涡流；涡流又在磁场中受到力的作用，从而使铝盘得到转矩（主动力矩）而转动。负载消耗的功率越大，通过电流线圈的电流越大，铝盘中感应出的涡流也越大，使铝盘转动的力矩就越大。即转矩的大小跟负载消耗的功率成正比。功率越大，转矩也越大，铝盘转动就越快。

1. 感应式（机械式）电能表工作原理

圆盘的转动经蜗杆传动到计度器，计度器的示数就是电器中实际所使用的电能。

2. 电子式电能表工作原理

电子式电能表工作时,通过分压器取得电压取样信号,电流互感器取得电流取样信号,经乘法器得到电压和电流的乘积信号,再经频率变换产生一个频率与电压电流乘积成正比的电能计量脉冲,生成的电能计量脉冲信号经光电耦合器送到专用集成电路进行处理,运算后存储于相应内存中,最后通过计度器或数字显示器显示所用电量。

任务 2　选用元器件

安装单相电能表线路所用元器件及电工工具清单分别见表 4-7-1、表 4-7-2。

表 4-7-1　元器件清单

序号	名称	规格(型号)	作用	数量
1	单相电源插头	交流 250、10A	电源引入	1 个
2	漏电断路器	DZ47LE-32	总电源控制	1 个
3	空气断路器	DZ47-60	负载电源控制	1 个
4	单相电能表	DD862a 型	电能计量	1 个
5	木板	500mm×700mm	线路装配	1 块
6	单股硬铜导线	1mm^2	线路连接	若干
7	自攻螺钉	4mm×18mm	元器件固定	若干
8	PVC 管	GY-315-20	导线穿接	若干

表 4-7-2　电工工具清单

序号	名称	作用	数量
1	螺丝刀	固定螺钉	1 把
2	剥线钳	剥除导线绝缘层	1 把
3	数字式万用表	元器件、线路检测	1 块
4	裁管器	裁剪 PVC 管	1 把
5	尖口钳	硬导线成形	1 把

任务 3 安装元器件

1. 布局并安装

按照图 4-7-3 所示对元器件进行布局,并用自攻螺钉将元器件固定在木板相应位置上。

图 4-7-3 单相电能表安装布局图

电能表应安装在不易受震动的墙上或配电板上,表的读数盘离地面 1.4～1.5m,方便检查。电能表工作时必须保持竖直状态,平放或者倾斜角度较大时,电能表将不会转动;倾斜角度较小时,会影响转盘转动速度,从而影响对电能的计量。

2. 量取线管

根据各元器件的位置及间距,量取相应长度的线管。注意管口不要与元器件相距太近,要为接线留下空间,如图 4-7-4 所示。

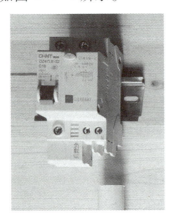 

图 4-7-4 线管管口距离示意图

3. 认识单相电能表。单相电能表面板如图 4-7-5 所示。

（1）刻度盘

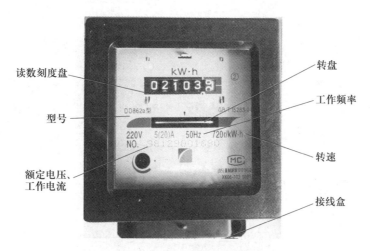

图 4-7-5　单相电能表面板

刻度盘上前 4 位为整数位,最后 1 位为小数点后 1 位。例如图4-7-5中的读数应为:2103.0度电。

（2）型号

第一部分为类别代号:D 表示电能表。

第二部分为组别代号:S 表示三相三线,T 表示三相四线,X 表示无功,B 表示标准,Z 表示最高需量,D 表示单相。

第三部分为用途代号:F 表示复费率表,S 表示全电子式,D 表示多功能,Y 表示预付费。

第四部分为设计序号:阿拉伯数字。

（3）额定电压、工作电流

单相电能表的额定电压一般都为 220 V。5(20)A 表示工作电流为 5 ~ 20 A,最大承受电流为 20 A。

（4）转盘

转盘转动方向一般为从左向右转动,或按箭头指示方向转动。

（5）工作频率

一般工作频率都为 50 Hz。

（6）转速

720 r/(kW·h)表示每 kW·h 转盘所转圈数。如图 4-7-5 中电能表所示,每度电转盘转动 720 圈。

4. 认识电子式电能表

电子式电能表面板如图 4-7-6 所示。

相比于感应式电能表,电子式电能表的面板上少了转盘显示,多了脉冲指示灯和脉冲频率。

① 脉冲指示灯　当有电流流过电能表时,表示用户开始使用电能,该指示灯开始闪烁。

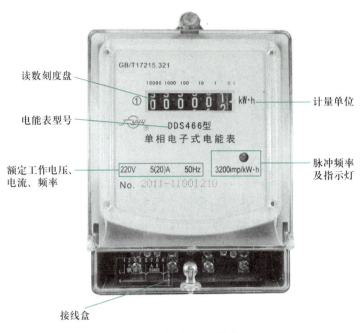

图 4-7-6　电子式电能表面板

② 脉冲频率　3 200 imp/(kW·h),表示每消耗 1kW·h 的电能,脉冲指示灯闪烁 3 200 次。流过电能表的电流越大,表示单位时间内用户消耗的电能就越多,指示灯闪烁的频率也就越高。

任务 4　连 接 导 线

图 4-7-7 所示为单相电能表的线路连接图。

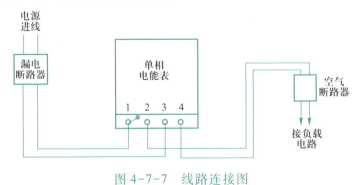

图 4-7-7　线路连接图

单相电能表的实物接线说明如图 4-7-8 所示。

单相电能表线路的安装步骤和方法见表 4-7-3。

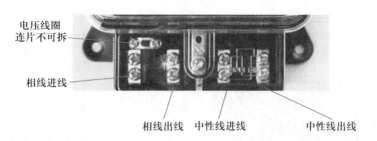

电压线圈
连片不可拆

相线进线

相线出线　中性线进线　　　中性线出线

图 4-7-8　单相电能表实物接线说明

表 4-7-3　单相电能表线的安装步骤和方法

安装部分	操作示意	安装说明
导线穿管		将所用导线用一铁丝连接头部,穿入线管内。利用铁丝的硬度和韧度将导线由一端穿入,从另一端穿出。注意,若线管有两道转弯时,在第三道转弯处将弯头断开后再穿线,否则导线很难穿过线管
固定线管		将穿好导线的线管固定到木板的相应位置,注意在元器件接线口处留出一定距离方便连线
漏电断路器		将插头进线连接至漏电断路器的上侧进线端,红色导线接至相线出线端,蓝色导线接至中性线出线端

安装部分	操作示意	安装说明
电能表		将相线接到 1 孔接线端,中性线接到 3 孔接线端。1 孔接线端必须与电压线圈连接,不得拆开
电能表		相线出线由 2 孔接线端接出,中性线出线由 4 孔接线端接出
负载电路		将由电能表接出的导线接至负载电路的空气断路器上,按"左零右火"方式接入

电子式电能表的电路连接与感应式电能表的连接方法相同,如图 4-7-9 所示。

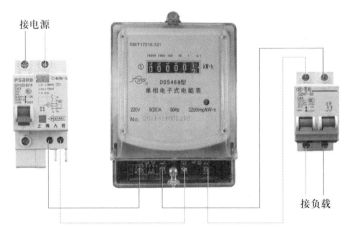

图 4-7-9　电子式电能表的连接

任务5 通电调试

1. 短路检测

将万用表置于电阻挡（200 Ω），将两表笔分别置于漏电断路器两个接线端上，将漏电断路器和开关闭合。正常情况下，所测电阻应为无穷大，若所测电阻为零或有一定数值，说明电路接线错误，应检测后进行改正，如图 4-7-10 所示。

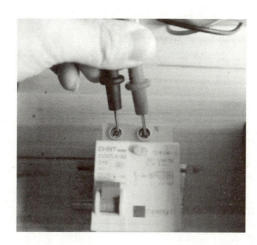

图 4-7-10 短路检测示意图

2. 接入负载

将负载电路接入单相电能表线路中，所接负载电路根据实际情况自定。

3. 通电检测

将木板竖直放置，接通电源，合上开关。待电路正常工作时，观察电能表的转盘是否转动，有无异响震动。断开电路后，等待一段时间，观察电能表是否有潜动。

任务6 故障检修

单相电能表线路的常见故障及排除方法见表 4-7-4。

表4-7-4   单相电能表线路的常见故障及排除方法

故障现象	产生原因	检修方法
电能表不转	电压线圈开路	将1接线柱与电压线圈接线柱连接
电能表出现潜动现象	电能表电压线圈接在出线上	将电压线圈接线柱与2接线柱断开,与1接线柱连接
短路跳闸	进线由1、2进线,3、4出线	将线路改为1、3进线,2、4出线
电能表倒转	电能表进线极性接反,即2、3进线,1、4出线	将线路改为1、3进线,2、4出线

项目评价

项目评价见表4-7-5。

表4-7-5   项 目 评 价

序号	内容	评分标准	扣分点	得分
1	安全操作规范(10分)	(1) 不穿绝缘鞋、不戴安全帽进入工作场地,扣2分 (2) 错误使用万用表进行故障点检测,扣1分 (3) 由于操作不当造成设备出现短路跳闸,扣2分 (4) 带电测试造成万用表损坏,扣5分 (5) 用手触摸任何金属触点,扣2分 (6) 带电操作,扣5分 (7) 当发现有重大安全隐患时可立即予以制止,扣5分		
2	合理布局(20分)	(1) 电气元件布局不合理,每个扣5分 (2) 总体布局不合理,扣10分		
3	正确接线(40分)	(1) 每接错一根线,扣5分 (2) 导线接触不良,每根扣2分 (3) 导线颜色用错,扣2分 (4) 每漏接一条导线,扣5分		

序号	内容	评分标准	扣分点	得分
4	故障检修（30分）	（1）故障现象描述每错一处,扣2分 （2）故障现象描述每空一处,扣3分 （3）故障排除过程描述不完整,扣1分 （4）故障排除过程描述错误,扣2分 （5）故障点描述每错一处,扣5分 （6）故障点描述每空一处,扣5分		
5	总评			

知识链接

电子式电能表

由于感应式电能表存在抄表不方便、自身功耗高、防窃电能力差等诸多缺点,已经逐步被电子式电能表所取代。电子式单相电能表如图4-7-11所示。

图4-7-11　电子式单相电能表

电子式电能表与感应式电能表相比有明显优势。例如:防窃电能力强、计量精度高、负荷特性较好、误差曲线平直、功率因数补偿性能较强、自身功耗低,特别是其计量参数灵活性好、派生功能多。单片机的应用给电能表注入了新的活力,这些都是一般感应式电能表难以做到的。但是早期的电子式电能表也有一些明显的不足,如工作寿命较短、易受外界干扰、工作可靠性不及感应式电能表等。

电子式电能表的主要特点如下:

1. 功能强大,易扩展

1只电子式电能表相当于几只感应式电能表,如1只功能全面的电子式多功能表相当于2只正向有功表、2只正向无功表、2只最大需量表和1只失压计时仪,并能实现这7只表所不能实现的分时计量、数据自动抄读等功能。同时,表计数量的减少,有效地降低了二次回路的电压降,提高了整个计量装置的可靠性和准确性。

2. 准确度等级高且稳定

感应式电能表的准确度等级一般为0.5~3.0级,并且由于机械磨损,误差容易发生变化,而电子式电能表可方便地利用各种补偿轻易地达到较高的准确度等级,并且误差稳定性好,电子式电能表的准确度等级一般为0.2~1.0级。

3. 启动电流小且误差曲线平整

感应式电能表误差曲线变化较大,尤其在低负荷时误差较大;而电子式电能表非常灵敏,且误差曲线好,在全负荷范围内误差几乎为一条直线。

4. 频率响应范围宽

感应式电能表的频率响应范围一般为45~55Hz,而电子式多功能表的频率响应范围为40~1 000Hz。

5. 受外界磁场影响小

感应式电能表是依据移进磁场的原理进行计量的,因此外界磁场对表计的计量性能影响很大。而电子式电能表主要依靠乘法器进行运算,其计量性能受外界磁场影响较小。

6. 便于安装使用

感应式电能表的安装有严格的要求,若悬挂水平倾度偏差大,将造成电能计量不准。而电子式电能表采用的是电子式的计量方式,无机械旋转部件,因此不存在上述问题,另外它的体积小,质量轻,便于使用。

7. 过负荷能力大

感应式电能表是利用线圈进行工作的,为保证其计量准确度,一般只能过负荷4倍;而电子式多功能表可达到过负荷6~10倍。

8. 防窃电能力更强

窃电是我国城乡用电中一个无法回避的现实问题,感应式电能表防窃电能力较差。新型的电子式电能表从基本原理上实现了防止常见的窃电行为。例如,ADE7755能通过两个电流互感器分别测量相线、中性线电流,并以其中大的电流作为电能计量依据,从而防止短接电流导线等窃电方式。

智能电能表

智能电能表是一种新型电能表,如图4-7-12所示。相比以往的普通电能表,除具备基本的计量功能外,智能电能表是全电子式电能表,带有硬件时钟和完备的通信接口,具有高可靠性、高安全等级以及大存储容量等特点,完全符合节能环保的要求。

(a)

(b)

图4-7-12 智能电能表

智能电能表按用户类型可分为单相表和三相表。按缴费方式的不同,可分为本地表和远程表。

单相表,顾名思义,就是普通用户使用的用来计量220V电的电能表。三相表,即工业上使用的用来计量380V电的电能表。

本地表,即在用户方,可使用IC卡缴费的电能表。远程表,此种表一般不安装在用户范围。用户需去供电局缴费。

智能电能表由用户交费,对智能IC卡充值并输入电表中,电表才能供电,表中电量用完后智能电能表自动拉闸断电,从而有效地解决上门抄表和收电费难的问题。用户的购电信息实行微机管理,方便进行查询、统计、收费及打印票据等。

智能电能表还可以实现阶梯电价管理方案。阶梯电价管理方案包含确定阶梯值和对应的阶梯电价。

智能电能表的主要功能特点如下:

① 报警功能 当剩余电量小于报警电量时,电能表常显剩余电量提醒用户购电。

② 数据保护 数据保护采用全固态集成电路技术,断电后数据可保持10年以上。

③ 电量提示 当表中剩余电量等于报警电量时,跳闸断电一次,用户需插入IC卡,可恢复供电,提醒用户此时应及时购电。

④ 自动断电　当电能表中剩余电量为零时，电能表自动跳闸，中断供电，用户此时应及时购电。

⑤ 回写功能　电能卡可将用户的累计用电量、剩余电量、过零电量回写到售电系统中便于管理部门的统计管理。

⑥ 用户抽检功能　售电软件可提供数据抽检用电量并根据要求提供优先抽检的用户序列

⑦ 电量查询　插入 IC 卡依次显示总购电量、购电次数、上次购电量、累计用电量、剩余电量。

⑧ 防窃电功能　一表一卡不可复制，逻辑加密，有效防止技术性窃电。

⑨ 过电压保护功能　当实际用电负荷超过设定值时，电能表自动断电，插入用户卡，恢复供电。

⑩ 低功耗　采用最新设计和 SMT 先进生产工艺，功耗较低。

项目总结

一、单相电能表的作用

用来计量发电厂发出的或用户消耗单相电路中的有功电能。

二、单相电能表的分类

1. 电能表按工作原理的不同一般分为感应式电能表和电子式电能表。
2. 电能表按负载电路不同分为单相电能表、三相三线电能表和三相四线电能表。

三、单相电能表的工作原理

电子式电能表工作时，通过分压器取得电压取样信号，电流互感器取得电流取样信号，经乘法器得到电压和电流的乘积信号，再经频率变换产生一个频率与电压电流乘积成正比的电能计量脉冲，生成的电能计量脉冲信号经光电耦合器送到专用集成电路进行处理，运算后存储于相应内存中，最后通过计度器或数字显示器显示所用电量。

四、单相电能表的型号、参数

1. 型号命名(见表4-7-6)

表 4-7-6　单相电能表的型号命名

项目	代号	含义
第一位字母	D	电能表
第二位字母	D	单相电能表
	S	三相三线电能表
	T	三相四线电能表
	X	无功功率电能表
	B	标准电能表
	Z	最高需量电能表
第三位字母	F	复费率式
	S	全电子式
	D	多功能式
	Y	预付费式
第四、五位数字	阿拉伯数字	设计序号、改进序号

2. 参数

额定工作电压、工作电流、工作频率、转速、型号、编号、出厂日期、厂商名称等。

五、单相电能表的安装

电能表应安装在不易受震动的墙上或配电板上,保持竖直安装,表的读数盘离地面 1.4~1.5 m,方便检查。

六、单相电能表的连接

单相电能表的直接连接方式,进线由第 1 个、第 3 个进线孔连接,出线由第 2 个、第 4 个出线孔连接。第 1 个接线柱与电压线圈的连片要保证可靠连接。

七、单相电能表的通电调试

1. 通电前应先用万用表进行测量,保证元件、电路可靠无误后方可通电。

2. 通电前,应先将安装板保持稳定、竖直状态,然后方可通电测试。

3. 通电时应注意安全,随时观察电能表的转盘转动情况。

八、单相电能表电路的故障检修

通电后若出现故障现象,应根据所产生的故障现象对照表 4-7-4 进行及时检修。

复习与思考

一、填空题

1. 电能表按工作原理的不同可分为_____和_____。

2. 家庭电路中,电能表是用来测量电路消耗_____的仪表,熔断器是在电路超负荷运行或发生_____(选填"短路"或"断路")故障时起保护作用的装置。

3. 电能表的铭牌上标有"220V 5A"和"2 500r/kW·h"字样,该电能表的转盘转过 450 圈时,用电器消耗的电能为_____kW·h。脉冲式电能表表盘上有"3 000imp/kW·h""220V 5A"等信息,该表指示灯每闪 3 000 次,电路中耗电 1 kW·h。小明家要接通"220V 23W"的电灯,使其单独工作 1h,则电灯消耗的电能是_____kW·h,指示灯闪了_____次。

4. 如果一只电能表的型号为 DDY11 型,这只表应该是一只_____电能表。

5. 电子式电能表表盘上标有"3 200imp/kW·h"字样(imp 表示闪烁次数)。将某用电器单独接在该电能表上正常工作 30min,电能表指示灯闪烁了 320 次,该用电器在上述时间内消耗的电能为_____,该用电器的额定功率是_____。

6. 供电局工作人员来小明家收电费,他观察到小明家电能表的情况如图 4-7-13 所示。然后从记录本上查出上月电能表的示数是 811.6 kW·h,若按 0.5 元/(kW·h)计费,小明家本月应缴电费_____元。小明家同时使用的用电器总功率不得超过_____W。

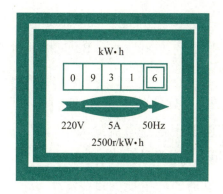

图 4-7-13　电能表

7. 某家庭电路中的电能表标有"220V　5(20)A"的字样。该电能表适用的额定电压为_____,此电能表的额定最大功率为_____。

8. 一个家庭用的电能表标有"220V　5(10)A　50Hz　3000r/kW·h"字样,当这个电能表转盘转过 1500 转时,已经消耗电能_____kW·h,合_____J。

9. 脉冲式电能表表盘上标有"3000imp/kW·h　220V　5A"等信息。小明家要接通"220V　10W"的电灯,使其单独工作 1h,则电灯消耗的电能是_____kW·h,指示灯闪了_____次。

10. 图 4-7-14 所示是某电能表表盘,则该电能表的额定工作电压为_____,脉冲频率为_____,其型号为_____。

图 4-7-14　电能表表盘

二、选择题

1. 电能表铭牌标志中"5(20)A"的 5 表示(　　)。

A. 标定电流
B. 负载电流

C. 最大额定电流
D. 最大电流

2. 如果一只电能表的型号为 DDD9 型,这只表应该是一只(　　　)。

A. 单相多功能电能表　　　　　　　　B. 三相预付费电能表

C. 单相最大需量表　　　　　　　　　　D. 单相复费率电能表

3. 关于家庭电路中的电能表,下列说法中正确的是(　　　)。

A. 电能表的作用是测量用电器中通过电流的大小

B. 电能表转盘转速越快,用电器消耗的电能越多

C. 电能表的作用是测量用电器消耗电能的多少

D. 电能表的测量值是以"kW"为单位的

4. 某同学在 1 月 1 日和 2 月 1 日两次观察家里的电能表,如图 4-7-15 所示,那么该同学家一个月用电(　　　)。

| 0 | 2 | 3 | 3 | 4 | | | 0 | 2 | 8 | 7 | 9 |

图 4-7-15　电能表示数

A. 545 度　　　　　　　　　　　　　B. 54.5 度

C. 455 度　　　　　　　　　　　　　D. 45.5 度

5. 小明的家中有 150W 的电视机一台,300W 的洗衣机一台,100W 的电冰箱一台,800W 的电饭煲一只,20W 的照明灯 8 盏,则安装电能表时,选用以下哪一种电能表最合适?(　　　)

A. 220V 5A　　　　　　　　　　　　B. 220V 10A

C. 220V 15A　　　　　　　　　　　　D. 220V 20A

三、判断题

1. 电能表测量的是电路中的电功率。　　　　　　　　　　　　　　　　　(　　)

2. 通常所说的 1"度"电,就是指 1kW·h。　　　　　　　　　　　　　　(　　)

3. 感应式电能表的转盘转得越快,说明用的电量就越多。　　　　　　　(　　)

4. DTS1871 型电能表是全电子式单相电能表。　　　　　　　　　　　　(　　)

5. 电子式电能表上的脉冲指示灯未闪烁时表明电路中未消耗电能。　　(　　)

6. 电子式电能表的脉冲频率越大,说明用户用电量越大。　　　　　　　(　　)

7. 感应式单相电能表在安装时必须竖直安装。　　　　　　　　　　　　(　　)

8. 单相电能表连接进电路时,第 1、2 两孔接进线,第 3、4 两孔接出线。　(　　)

9. 感应式电能表相对于电子式电能表的计量更准确。　　　　　　　　　(　　)

10. 家庭用户可以自行打开电能表,对线路进线进行改装。　　　　　　　(　　)

四、简答计算题

1. 电子式电能表相对于感应式电能表的优点有哪些?

2. 7 月 1 日放假在家的小明观察到自己家的电能表如图 4-7-16 所示,然后他把家里常用的电器全都打开工作,测得平均每分钟铝盘正好转 25 圈。如果这些电器平均每天使用 5h,那么在 8 月 1 日上午小明再去观察电能表时,电能表的读数将是多少?

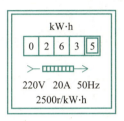

图 4-7-16　电能表

3. 一台标有"220V 100W"的电冰箱,一天耗电 0.86kW·h,则电冰箱一天实际工作运转的时间是多少?

五、计算题

1. 某天物业公司工作人员来小明家收电费,小明总觉得电表转得太快、计量不准、收费太高。小明家里的电能表标有"220V 10(20)A 3 000r/kW·h"的字样,请你选择器材,帮助小明检查一下该电能表是否准确,简要说明你的方法。

2. 电视机用遥控器关掉后,电视机上还有一个指示灯亮着,此时,电视机处于待机状态。这时电视机是否还在消耗电能呢? 小明设计了如下方案进行探究:让电视机处于待机状态,然后拔掉其他所有电器的插头或关掉开关,记下时间和家中电能表的读数;去奶奶家住了两天后回到家中,再记下此时的时间和电能表的读数,记录数据见表 4-7-7。

表 4-7-7　记 录 数 据

时间	电能表示数/kW·h
4 月 6 日上午 8:00	115.8
4 月 8 日上午 8:00	116.3

(1) 在小明外出这段时间里,他家的电视机消耗的电能是_____。

(2) 通过实验,小明得到的结论是:电视机在待机状态时消耗的电能是_____。

（3）小明家的电视机在待机状态下电功率是多少？

（4）据估计，某市电视机在待机状态下消耗的电能一年近 6 000 kW·h。若小明家有 1 500W 的电水壶一只、20W 节能灯 2 只、180W 电冰箱一台，这些用电器平均每天工作 2 h，试通过计算说明这么多电能让小明家使用多少天。

（5）要显著降低电视机的这种不正常电能的消耗，你认为可以采取哪些方法。

项目 8　三相电能表线路的安装与故障排除

项目目标

1. 认识三相电能表。
2. 能正确地将三相电能表接入照明线路中。
3. 能根据故障现象进行简单排故。

项目描述

对于家庭用户，我们可以使用单相电能表对其所用电能进行计量。但是对于工厂用户，既有单相用电，又有很多三相用电，这时就不能再使用单相电能表进行电能计量，而要使用三相电能表来进行计量。

三相电能表是电能表的一种，主要用于动力线路或者动力和照明线路混合的电路中。三相电能表一般分为三相三线电能表和三相四线电能表。本项目主要学习三相四线电能表线路的安装与故障排除。

项目实施

任务 1　认识电气原理图

图 4-8-1 所示为三相四线电能表直接接入电路中的电路图。

三相四线有功电能表与单相电能表的不同之处是它由 3 个驱动元件和装在同一转轴上的 3 个铝盘所组成,它的读数直接反映了三相所消耗的电能。三相三线有功电能表主要针对电动机等需要计量线电压的负载使用,其内部有两个电流线圈、两个 380V 的电压线圈。

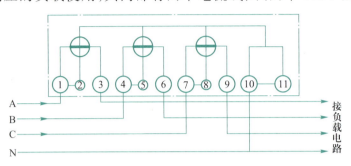

图 4-8-1　三相四线电能表直接接入电路中的电路图

任务 2　选用元器件

安装三相四线电能表线路所用元器件及电工工具清单分别见表 4-8-1、表 4-8-2。

表 4-8-1　元器件清单

序号	名称	规格(型号)	作用	数量
1	三相电源插头	交流 440、16A	电源引入	1 个
2	空气断路器	DZ15-40	总电源控制	1 个
3	配电盒	PZ-30	负载电源控制	1 个
4	三相四线电能表	DTS1363-1	电能计量	1 个
5	木板	500mm×700mm	线路装配	1 块
6	单股硬铜导线	1mm²	线路连接	若干
7	自攻螺钉	4mm×18mm	元器件固定	若干
8	PVC 管	GY-315-20	导线穿接	若干

表 4-8-2　电工工具清单

序号	名称	作用	数量
1	螺丝刀	固定螺钉	1 把
2	剥线钳	剥除导线绝缘层	1 把
3	数字式万用表	元器件、线路检测	1 块

序号	名称	作用	数量
4	裁管器	裁剪PVC管	1把
5	尖口钳	硬导线成形	1把

任务3 安装元器件

1. 布局并安装

按照图4-8-2对元器件进行布局,并用自攻螺钉将元器件固定在木板相应位置上。

图4-8-2 元器件布局图

电能表应安装在不易受震动的墙上或配电板上,表的读数盘离地面1.4~1.5m,方便检查。电子式电能表工作时受震动和水平放置影响较小,但为了电能表工作的稳定性和安装的工艺性,要求电能表尽可能保持竖直状态。

2. 量取线管

根据各元器件的位置及间距,量取相应长度的线管。注意管口不要与元器件相距太近,要为接线留下空间,如图4-8-3所示。

3. 认识电子式三相四线电能表

三相四线电能表面板如图4-8-4所示。

(1)刻度盘

刻度盘上前4位为整数位,最后1位为小数点后一位。

图 4-8-3 线管管口距离示意图

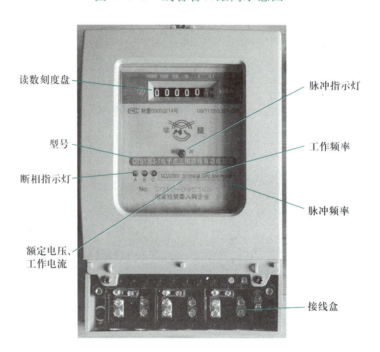

图 4-8-4 三相四线电能表面板

（2）型号

DTS1363-1，由上一项目学习可知：D—电能表，T—三相四线，S—全电子式，1363-1—设计序号和改进型号。

（3）额定电压、工作电流

额定电压为 3×220V/380V，工作电流为 3×10（40）A。

（4）断相指示灯

接入电能表中的三相电源若有某相未连接或断相，则相应的指示灯不亮，若三相电源全部接通，则 3 个指示灯全亮。

（5）脉冲指示灯

当有电流流过电能表时，即用户开始消耗电能时，该指示灯开始闪烁。

（6）工作频率

我国的工频为 50Hz。

（7）脉冲频率

800imp/（kW·h），表示每 kW·h 脉冲次数。流过的电流越大，消耗的电能越快，则指示灯闪烁的频率就越高。

任务 4　连　接　导　线

三相电能表有直接接入式和间接接入式，本项目主要学习直接接入式。图 4-8-5 所示为三相四线电能表的安装接线图。

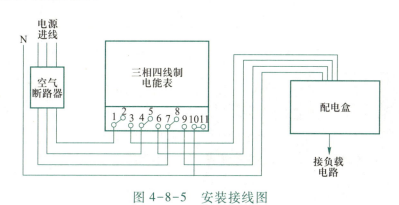

图 4-8-5　安装接线图

直接接入式三相四线有功电能表共有 11 个接线端子，从左至右按 1、2、3、4、5、6、7、8、9、10、11 编号。其中 1、4、7 是相线的进线端子，用来连接电源的三根相线。3、6、9 是相线的出线端子，三根相线从这里引出后，分别接到负载总开关的 3 个进线端子。10、11 分别是中性线的进线端子和出线端子，用来连接中性线的进线和出线，如图 4-8-6 所示。

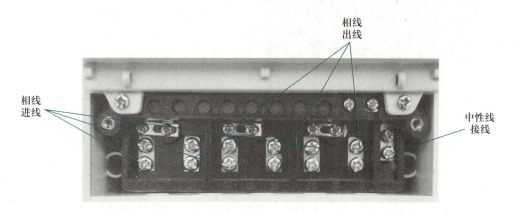

图 4-8-6　接线盒

三相四线电能表线路的安装步骤和方法见表 4-8-3。

表 4-8-3   三相四线电能表线路的安装步骤和方法

安装部分	操作示意	安装说明
导线穿管	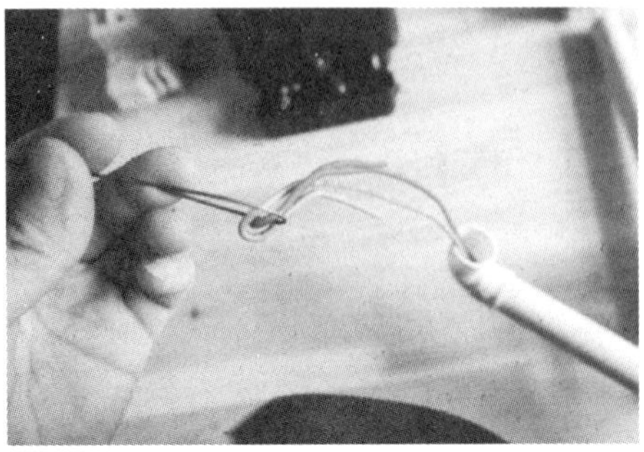	将所用导线用一铁丝连接头部,穿入线管内。利用铁丝的硬度和韧度将导线由一端穿入一端穿出。注意若线管有两道转弯时,在第三道转弯处将弯头断开后再穿线,否则导线很难穿过线管
固定线管	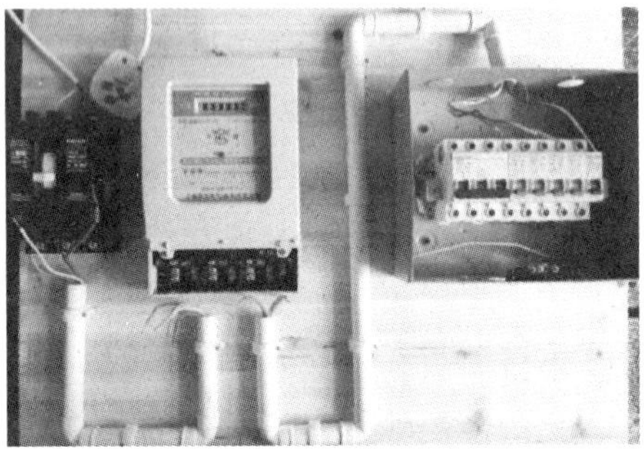	将穿好导线的线管固定到木板的相应位置,注意在元器件接线口处留出一定距离方便连线
空气断路器		将插头连接至空气断路器的上方进线端。将 3 根相线接至下方出线端

安装部分	操作示意	安装说明
电能表	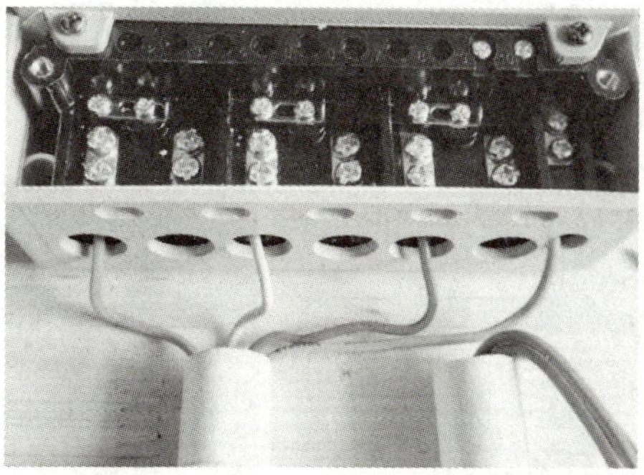	将相线接到 1、4、7 接线端,中性线接到 10 接线端。每组电压线圈连片不得拆开
	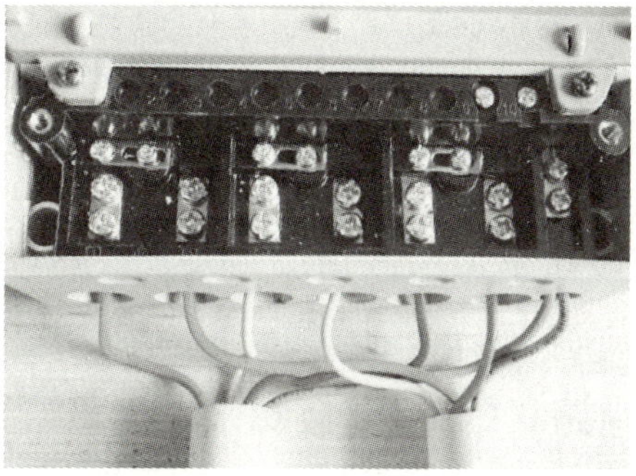	相线出线由 3、6、9 接线端接出,中性线出线由 11 接线端接出
负载电路		将由电能表接出的导线接至负载电路的配电盒中,将三路相线接至相应空气断路器上,将中性线接至接零排上

任务 5 通 电 调 试

1. 短路检测

将万用表置于电阻挡(200 Ω),将空气断路器和开关闭合,两表笔分别与空气断路器 3 个接线端两两相接。正常情况下,所测电阻应为无穷大,若所测电阻为零,说明电路短路,应检测后排除故障,如图4-8-7所示。

图4-8-7 短路检测示意图

2. 接入负载

将负载电路接入三相电能表线路,所接负载电路根据实际情况自定。

3. 通电检测

将木板竖直放置,接通电源,合上开关。待电路正常工作时,观察电能表的脉冲指示灯是否闪烁。

任务6 故 障 检 修

电子式三相电能表线路的常见故障及排除方法见表4-8-4。

表4-8-4 电子式三相电能表线路的常见故障及排除方法

故障现象	产生原因	检修方法
脉冲指示灯不闪烁	电能表未计量,电压线圈未接入电路	将每组进线端子与电压线圈接线端子连接
脉冲指示灯闪烁频率较低,闪烁时间间隔长	流过电能表的电流较小,负载用电器功率较小	更换较大功率的负载用电器
短路跳闸	中性线接错,进入到线圈回路	将中性线接至10接线端子
断相指示灯灭	电源进线有某相开路,或未接入电路	对三相相线进线进行检测,保证每相相线接到电能表的相应接线端子

任务 7　三相电能表配电流互感器

在供用电线路中,电流和电压差别很大,小到几安、几伏,大到几万安、几百万伏。线路中电流电压都较高时,如果直接测量非常危险。为便于二次仪表测量需要转换为统一的电流电压,使用互感器起到变流变压和电气隔离的作用,从而降低危险。

在测量交变电流的大电流时,为便于二次仪表测量,需要转换为统一的电流(我国规定电流互感器的二次额定电流为 5A 或 1A)。电流互感器是电力系统中测量仪表、继电保护装置等二次设备获取电气一次回路电流信息的传感器,电流互感器将高电流按比例转换成低电流,电流互感器一次侧接在一次系统,二次侧接测量仪表、继电保护装置等。电流互感器分为测量用电流互感器和保护用电流互感器;测量用电流互感器的作用是用来计量(计费)和测量运行设备电流的;保护用电流互感器主要与继电保护装置配合,在线路发生短路过载等故障时,向继电保护装置提供信号切断故障电路,以保护供电系统的安全。常见的电流互感器如图 4-8-8 所示。

图 4-8-8　常见电流互感器

一、电流互感器的作用

① 把大电流变换成小电流,以便保护各种测量仪表,大大简化了仪表的构造,降低了成本。
② 使工作人员免受大电流的威胁。

二、电流互感器的结构

① 其内部结构主要为铜丝绕制成的一个线圈。电流互感器也称为流变。

② 电流互感器的电气符号如图 4-8-9 所示。

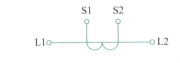

图 4-8-9　电流互感器电气符号

③ L1、L2 为相线,要穿过互感器线圈的中心,L1 为进线端口,L2 为出线端口,S1、S2 为互感器的两个接线柱,如图 4-8-10 所示。

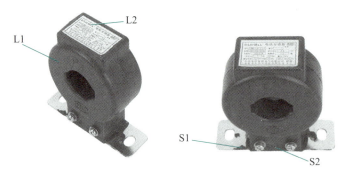

图 4-8-10　电流互感器外观

④ L1、L2 称为一次侧,S1、S2 称为二次侧。

⑤ 电流互感器铭牌如图 4-8-11 所示。"电流比 100/5A"表示互感器电流转换的倍率。"一次穿心 1 匝"表示相线在穿过互感器时要绕 1 圈。

图 4-8-11　电流互感器铭牌

例:某电能表接了一个"100/5A"的互感器,上月抄表 200kW·h,本月抄表 300kW·h,这一个月用了多少度电?

解:100/5 = 20

所以用电度数为:(300-200)×20kW·h = 2000kW·h,即用了 2000 度电。

三、电能表配互感器的连接电路图

① 安装互感器之前,需将电压连片拆除,如图 4-8-12 所示。

图 4-8-12　拆除电压连片

② 三相电能表配电流互感器原理图如图 4-8-13 所示。

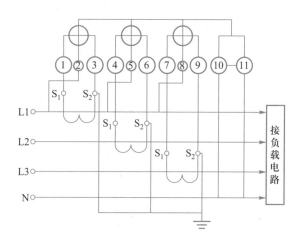

图 4-8-13　三相电能表配电流互感器原理图

若电路中的电流较大,一定要拆掉连片,拆连片与 S2 必须接地。

③ 三相电能表配电流互感器实物图连线图如图 4-8-14 所示。

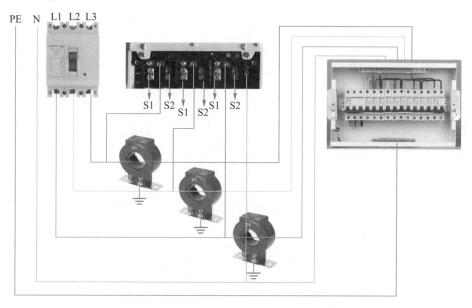

图 4-8-14　三相电能表配电流互感器实物连线图

四、电能表配电流互感器时的注意事项

① 额定电压与线路电压应相等,它的一次电流稍大于负载电流。

② 拆连片为防止高压串入低压侧,互感器二次侧一端线圈、铁心和外壳都必须可靠接地。

③ 互感器二次侧的线圈不得开路,不能安装开关和熔断器。

④ 接线时应注意正负极。

项目评价

项目评价见表 4-8-5。

表 4-8-5 项目评价

序号	内容	评分标准	扣分点	得分
1	安全操作规范 (10 分)	(1) 不穿绝缘鞋、不戴安全帽进入工作场地,扣 2 分 (2) 错误使用万用表进行故障点检测,扣 1 分 (3) 由于操作不当造成设备出现短路跳闸,扣 2 分 (4) 带电测试造成万用表损坏,扣 5 分 (5) 严禁用手触摸任何金属触点,扣 2 分 (6) 带电操作,扣 5 分 (7) 当发现有重大安全隐患时可立即予以制止,并扣 5 分		
2	合理布局 (20 分)	(1) 电气元件布局不合理,每个扣 5 分 (2) 总体布局不合理,扣 10 分		
3	正确接线 (40 分)	(1) 每接错一根线,扣 5 分 (2) 导线接触不良,每根扣 2 分 (3) 导线颜色用错,扣 2 分 (4) 每漏接一条导线,扣 5 分		
4	故障检修 (30 分)	(1) 故障现象描述每错一处,扣 2 分 (2) 故障现象描述每空一处,扣 3 分 (3) 故障排除过程描述不完整,扣 1 分 (4) 故障排除过程描述错误,扣 2 分 (5) 故障点描述每错一处,扣 5 分 (6) 故障点描述每空一处,扣 5 分		

续表

序号	内容	评分标准	扣分点	得分
5	总评			

知识链接

电流互感器与单相电能表的连接

电能表和互感器的电路连接图如图 4-8-15 所示。

① 若电路中的电流不是很大,可采用图 4-8-15(a)所示的接法。

② 若电路中的电流较大,一定要拆掉连片,连片与 S2 必须接地,如图 4-8-15(b)所示接法。

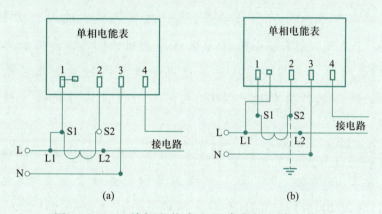

图 4-8-15 单相电能表和互感器的电路连接图

知识链接

我国电能表的发展历程

从 19 世纪电能表发明以来,电能表已有超过 100 年的历史,从感应式电能表发展到电子式电能表。21 世纪后,进入了智能电能表时代,智能电能表除了具有电力用户和电力公司电能计量计费的传统功能之外,也是用电信息沟通和供电服务交互的有效工具。随着人工智能、5G、物联网等先进技术的逐渐推广和应用,智能电能表也将提供用电诊断、科学用电方案、差异化电价信息等增值服务,是智能电网和泛在电力物联网的基础。

在 2019 年 3 月召开的泛在电力物联网建设工作部署电话会议上,国家电网计划到 2021 年初步建成泛在电力物联网,实现业务协同和数据贯通,初步实现统一物联管理,实现涉电业务线上率达 70%,初步建成公司级智慧能源综合服务平台,基本实现对电网业务与新兴业务的平台化支撑。到 2024 年建成泛在电力物联网,全面实现业务协同、数据贯通和统一物联管理,全面形成共建共治共享的能源互联网生态圈,实现涉电业务上线率 90%,实现对电网业务与新兴业务的全面支撑。泛在电力物联网,就是围绕电力系统各环节,充分应用"大云物移智"(大数据、云计算、物联网、移动互联网、人工智能)等现代信息技术和先进通信技术,实现电力系统各环节万物互联、人机交互,具有状态全面感知、信息高效处理、应用便捷灵活特征的智慧服务系统。

产品应用领域不断拓展带来广阔潜在市场。为了解决传统的定期巡检和群众举报难以有效对排污单位污染物治理设施进行监管的难题,我国从 2017 年末开始建设"互联网+"技术监控污染物治理设施项目。该项目在企业污染物处理设备上安装单独的智能电能表,实时记录污染物处理设备的用电情况,这些电量数据通过另一套智能设备的采集,传输到环保局的后台终端,通过终端的计算机以及手机 APP,环保执法人员可实时掌握该污染物处理设备的运行情况。根据电量异常情况全面掌握污染企业环保治理设施的运行状况,确保重点污染企业的污染物达标排放,为污染治理设施监控管理提供了新的路径和管理模式。

新能源汽车已成为未来发展趋势,智能电能表作为充电桩中电池储存与管理的关键部件,随着充电桩的普及,应用也更为广泛。根据国家四部委联合印发的《电动汽车充电基础设施发展指南(2015-2020 年)》,到 2020 年我国建成充换电站超过 1.2 万座,分散式充电桩480 万个,以此满足 500 万辆电动汽车的充电需求。充电桩的发展为智能电能表的应用带来新的机遇。

当前国内智能电能表属于 AMR 表计,仅能单向作业,满足远程自动抄表的需求,属于智能电能表中智能化程度较低的产品。未来的智能电能表要求不仅能够在控制结算中心对电能表实施远程管理、控制收费,而且还能够显示电力信息、气象信息等多种信息,是一个双向多用的网络终端,以构成 AMI 系统。另外,随着绿色能源逐渐走向分布式发展,智能电能表还需要满足大量的绿色能源净计量的需求。未来智能电能表还可以在任何地点对家庭和公共用电设备进行管理控制,可提供多种增值服务,可以预见智能电能表行业还将经历数次换代,未来增长可持续。

一、三相电能表的作用

主要用于计量动力线路或动力和照明线路混合电路中消耗的电能。

二、三相电能表的分类

1. 按照工作机构分:感应式,半电子式,电子式,部分电子式。
2. 按实际应用分:三相四线有功电能表,三相四线无功电能表,三相三线有功电能表,三相三线无功电能表等。

三、三相电能表的型号、参数

1. 型号命名同单相电能表。
2. 参数:额定工作电压、工作电流、工作频率、脉冲数、型号、编号、出厂日期、厂商名称等。

四、电子式三相电能表的安装

电子式电能表工作时受震动和水平放置影响较小,但为了电能表工作的稳定性和安装的工艺性,应尽量安装在不易受震动的墙上或配电板上,保持竖直安装,表的读数盘离地面1.4~1.5 m,方便检查。

五、三相电能表的连接

三相电能表的直接连接方式,相线进线由第1、4、7接线柱进行连接,相线出线由第3、6、9接线柱进行连接,出线相序必须与进线相序相同,中性线由第10、11接线柱进行进出连接。同时保证各进线接线柱与电压线圈的连片要可靠连接。

六、三相电能表的通电调试

1. 通电前应先用万用表进行测量,保证元器件、电路可靠无误后方可通电。

2. 通电前,应先将安装板保持稳定、竖直状态,然后方可通电测试。

3. 通电时应注意安全,随时观察电能表的缺相指示灯和脉冲指示灯情况。

七、三相电能表电路的故障检修

通电后若出现故障现象,应根据所产生的故障现象对照表 4-8-4 进行检修。

复习与思考

一、填空题

1. 三相电能表按负载电路不同可分为_____和_____。

2. 电能表应安装在不易受震动的墙上或配电板上,表的读数盘离地面高_____。

3. 脉冲的_____就是指电子式电能表的每个脉冲代表多少电能量。

4. 三相四线制有功电能表计量出的数据的单位是_____。

5. 电能表端钮盒盖在接入最大引线后与交流接线螺钉间的最小距离应不小于_____。

6. 电能表铭牌上"10(40)A"中"10A"指的是_____。

7. DTS1363 型电能表是一种_____全电子式电能表。

8. 有功电能表的计量单位是_____。

9. 某电能表上标有"1600imp/kW·h",其含义是用电设备每消耗 1 kW·h 电能,电能表的脉冲指示灯就闪烁_____次。

10. 使用电流互感器时,应将其一次绕组_____联接入被测电路。

二、选择题

1. 三相四线有功电能表能准确测量( )的有功电能。

A. 三相三线电路 　　　　　　　B. 对称三相四线电路

C. 不完全对称三相电路　　　　　D. 以上 3 种电路

2. 三相电能表应采用(　　)接法。

A. 正相序　　　　　　　　　　B. 负相序

C. 逆相序　　　　　　　　　　D. 倒相序

3. 在检测三相四线有功电能表的接线时,若将其中任意两相对调,则电能表应该(　　)。

A. 短路　　　　　　　　　　　B. 停走

C. 走快　　　　　　　　　　　D. 缺相

4. 某电能表,其脉冲数为 8 000imp/(kW·h),测得 40 个脉冲所需时间为 12 s,则接入电路中电器的功率为(　　)。

A. 10kW　　　　　　　　　　B. 12kW

C. 15kW　　　　　　　　　　D. 20kW

5. 三相四线制有功电能表测量的是电路中(　　)。

A. 一相电路的电能　　　　　　B. 两相电路电能之和

C. 三相电路电能之和　　　　　D. 以上都不对

三、判断题

1. 电能表外壳的封印,只能由计量检定人员开启和加封。　　　　　　　　　　　(　　)

2. 电能表在使用时,回路没有接入负载,而电能表转盘在缓慢转动,这种现象称为"潜动"。

(　　)

3. 运行时,电流互感器二次绕组不得开路,且二次侧要可靠接地。　　　　　　　(　　)

4. DD862 型电能表是三相四线电子式电能表。　　　　　　　　　　　　　　　(　　)

5. 钳形电流表的表头实际上相当于一个电流互感器。　　　　　　　　　　　　　(　　)

6. 三相四线有功电能表,若将任意两相电压对调,则电能表将停止计量。　　　　(　　)

7. 电流互感器相当于普通变压器开路运行状态。　　　　　　　　　　　　　　　(　　)

8. 三相不对称负载的中性线断开后,负载最大的一相电压降会升高。　　　　　　(　　)

9. 电能表是电能计量装置的核心部分,其作用是计量负载所消耗的电能。　　　　(　　)

四、计算题

1. 三相四线有功电能表适用于什么样的场合?

2. 一个质量良好的三相四线有功电能表接入电路,接通电源后,用电器正常工作,但电能表没有进行计量,请问造成这一现象的原因是什么? 该如何处理?

3. 某同学在安装一只三相四线电能表时,进线按 A、B、C 的相序接入,而出线却按 C、B、A 的相序接出,若按这样的接法,接通电源后会有什么样的现象?

4. 某电能表抄表度数为 50kW·h,该表配备的电流互感器为"500/5A",则本次抄表实际用电量应为多少?

5. 试画出单相电能表经电流互感器接线示意图,如图 4-8-16 所示。

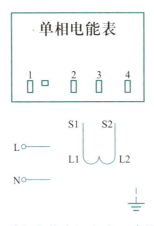

图 4-8-16　单相电能表经电流互感器接线示意图

项目 9　综合配电线路的设计与安装
——以家庭配电线路为例

项目目标

1. 知道家庭配电线路的设计与安装的过程。
2. 熟悉家庭配电线路的基本原则。
3. 能够根据要求进行家庭配电线路的工程设计与安装。

项目描述

小明同学家里刚买了一套新房子,准备要装修,请你设计和安装配电线路。请思考应该按照怎样的步骤进行,如何正确选择线材及元器件,在设计和安装过程中有哪些规则需要注意和遵循。现在让我们开始准备吧!

项目准备

本项目的基本操作步骤可以分为:列写用电设备清单→选择线材及器件→设计布线图→开槽放线管穿线→安装元器件→检测完工。

项目实施

任务 1　列写用电设备清单

列写用电设备清单,主要是了解一个家庭中有哪些用电设备,每个用电设备单独的耗电量和电流分别是多大,一共有多大的耗电量和电流等,为选择插座和电线等材料以及布线的路径做好准备。

现以一台热水器为例做一简单说明。图 4-9-1 所示是一台热水器的铭牌,从铭牌中可以直接读出该电器的额定功率为 2 200W。

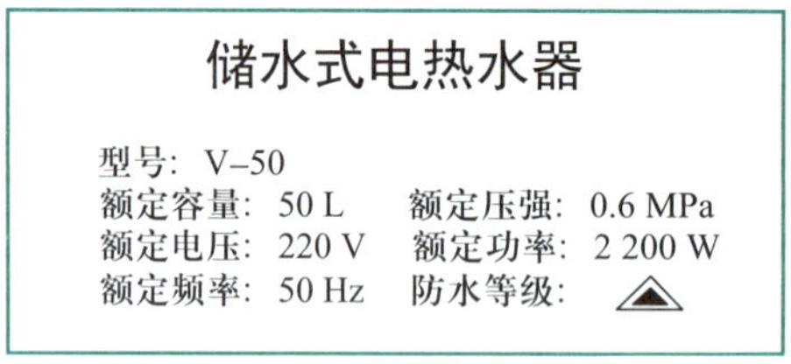

储水式电热水器

型号:　V-50
额定容量:　50 L　　额定压强:　0.6 MPa
额定电压:　220 V　　额定功率:　2 200 W
额定频率:　50 Hz　　防水等级:　△

图 4-9-1　一台热水器的铭牌

但是该电器的额定电流为多大呢?

按单相供电(220V)计算,每千瓦的功率对应的电流大概为 4.5A。

家庭用电设备一般分两种:一种是有电动机的家用电器类,如电冰箱、空调器、洗衣机、电风扇、吸尘器等,这些电动机的功率因数在 0.8 左右,可按 0.8 进行估算;另一种是无电动机的电热设备类,如电饭煲、电炒锅、电烤箱、电蒸锅等,功率因数可视为 1。

两种用电设备电流用量计算方法如下:

① 有电动机的家用电器类用电电流 =(电动电器总千瓦数)/0.8×4.5A

② 无电动机的电热设备类用电电流 = 设备总千瓦数×4.5A

下面请根据一个普通家庭的要求,通过查看家用电器的铭牌或产品说明书,完成表 4-9-1 要求填写的内容。

表 4-9-1　家庭电器工作电流估算

家电名称	额定功率	额定电流	备注
空调	2200W	2.2/0.8×4.5 A = 12.4 A	

家电名称	额定功率	额定电流	备注

任务 2 选择线材及元器件

目前,我们通常选用的是线材铜导线,前面我们已经学会了家用电器额定电流的估算方法,下面来学习如何选择合适的线材。

一、选择线材

1. 铜导线的安全载流量

一般铜导线的安全载流量是根据所允许的线芯最高温度、冷却条件、敷设条件来确定的,见表 4-9-2。

表 4-9-2 不同规格型号铜导线的最大安全载流量

导体截面积/mm²	单芯电缆(BV) I_{max}/A	二芯电缆(BVV) I_{max}/A	三芯电缆(BVVB) I_{max}/A
1.5	23	20	18
2.5	30	25	21
4	39	33	28
6	50	43	36
10	69	59	51

2. 铜导线截面积的选择

家庭电线规格的选用,应根据家用电器的总功率来计算,再根据不同电线规格的最大载流能力来选择合适的电线。

家庭线路的最大电流容量公式如下：

$$I_{max} = W/U \times K$$

式中，I_{max}——家庭线路的最大电流容量，单位为 A；

      W——家庭电器总功率，单位为 W；

      U——家庭额定电压，单位为 V；

      K——过电压的安全系数，数值一般取 1.2~1.3。

计算出的家庭线路的最大电流容量后，依据表 4-9-2，就可以选择出恰当的电线。

例：家庭电器的总功率为 5 000 W，家庭额定电压为 220 V，应选用什么规格的铜导线？

解：$I_{max} = W/U \times K = 5\ 000/220 \times 1.2$ A ≈ 27.3 A

依据表 4-9-2，可选 2.5 mm² 的铜导线。

不同规格型号的电线如图 4-9-2 所示。

图 4-9-2　不同规格型号的电线

电线规格的选用：家庭装修中，照明用线选用 1.5 mm² 电线，插座用线选用 2.5 mm² 电线，空调用线的截面积不得小于 2.5 mm²，可选用 4 mm² 铜导线，接负线（中性线/地线）选用绿黄双色线。

二、空气断路器

家庭常用的空气断路器有单极空气断路器、双极空气断路器和带漏电保护的空气断路器等，如图 4-9-3 所示。

图 4-9-3　常用的不同类型的空气断路器

空气断路器的数量跟家庭配线的回路数量有关,主要考虑以下原则:

1. 照明、插座回路分开

如果插座回路的电气设备出现故障,仅此回路电源中断,不会影响照明回路的工作,便于对故障回路进行检修;若照明回路出现故障,可利用插座回路的电源,接上临时照明灯具。

2. 照明应分成几个回路

家中的照明可按不同的房间搭配分成几个回路,若某一回路的照明出现故障,不会影响其他回路的照明。在设计布线时,如果能把主要房间的照明接到不同的回路上,如客厅的一部分灯接入主卧室回路,另一部分灯接入次卧室回路,这样不论哪一条回路出现故障,每间房屋都还会有照明。

3. 对空调、电热水器、微波炉等大容量电气设备,宜一台设备设置一个回路

可以根据主回路和分回路以及不同的负载性质等因素来具体考虑选择哪种型号的空气断路器。图 4-9-4 所示为一家庭电路布线图。

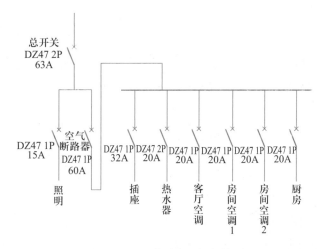

图 4-9-4　家庭电路布线图

空气断路器在家庭供电中作总电源保护开关或分支线路保护开关用。当住宅线路或家用

电器发生短路或过载时,它能自动跳闸,切断电源,从而有效保护这些设备免受损坏或防止事故扩大。

家庭一般用二极(即 2P)空气断路器作总电源保护,用单极(1P)作分支线路保护。

家庭用空气断路器,正确选择额定容量电流大小很重要:空气断路器的额定电流如果选择偏小,则易频繁跳闸,引起不必要的停电;如果选择过大,则达不到预期的保护效果。

一般小型空气断路器规格主要以额定电流区分,有 6A、10A、16A、20A、25A、32A、40A、50A、63A、80A、100A 等;那么一般家庭如何选择或估算总负荷电流的总值?

(1)计算各分支电流的值

① 电阻性负载,如灯、电热器等用标示功率直接除以电压即可。

例如 20 W 的灯,分支电流 $I = 20 \text{ W}/220 \text{ V} \approx 0.09 \text{ A}$

电风扇、电熨斗、电热毯、电热水器、电暖器、电饭锅、电炒锅等为电阻性负载。

② 电感性负载,如荧光灯、电视机、洗衣机等计算稍微复杂,要考虑消耗功率,具体计算还要考虑功率因数等,为便于估算,我们给出一个简单的经验计算方法,即一般电感性负载,根据其标示相关数值计算出来的功率再乘以 2 即可。

例如,20 W 的荧光灯的分支电流 $I = 20 \text{ W}/220 \text{ V} \approx 0.09 \text{ A}$,乘以 2 后为 $0.09\text{A} \times 2 = 0.18 \text{ A}$(比精确计算值 0.15A 多 0.03A)。

荧光灯、电冰箱、电视等为电感性负载。

(2)总负荷电流即为各分支电流之和

知道了分支电流和总电流,就可以选择分支空气断路器及总闸空气断路器、总熔丝、总电表以及各支路电线的规格,验算已设计的这些电气部件的规格是否符合安全要求。为了确保安全可靠,电气部件的额定工作电流一般应大于最大负荷电流的 2 倍。此外,在设计、选择电气部件时,还要考虑到以后用电负荷增加的可能性,为以后需求留有余量。

最后,根据不同回路中负载的性质和数量来最终决定选用哪种型号的空气断路器及所使用的数量,并且空气断路器的容量和数量要有一定的余量,以备以后升级使用。

三、插座

1. 安装

电源插座底边距地面宜为 300 mm,挂壁空调插座的高度一般为 2 000 mm。油烟机插座高度一般为 2 100 mm,厨房插座高度一般为 950 mm,洗衣机插座高度一般为 1 200 mm。电视机插座高度一般为 650 mm,如图 4-9-5~图 4-9-7 所示。

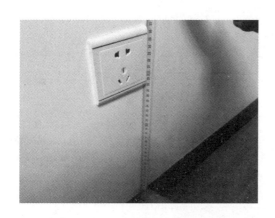
图 4-9-5　电源插座安装高度

图 4-9-6　空调插座安装高度

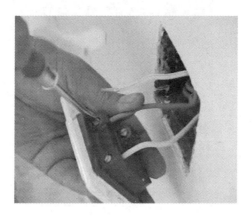
图 4-9-7　插座接线(左"零"右"火")

2. 规格型号

（1）三孔插座

三孔插座有 10A 和 16A 之分,有普通型和多功能型,有带开关和不带开关的三孔插座,如图 4-9-8 所示。

图 4-9-8　三孔插座

图 4-9-9　五孔插座

家中常用的电器都是普通的 10A 以下电流,最常用的就是 10A 五孔插座(如图 4-9-9 所示),带开关的三孔插座上的开关可以控制三孔的电源,也可以用作照明控制(具体与电工接线和实际需要有关,可以自由控制)。

16A 三孔插座可以满足家庭内空调或其他大功率电器,如电热水器。需注意电器的插头规格,空调插头一般是使用 16 A 插座,2.5P~3P 的柜机空调(厂家一般是没有配置插头的)需要使用 20A 插座。

(2)带开关的插座(建议使用)

开关控制插座通断电,方便使用,不用拔来拔去,也可以单独作为开关使用,如图 4-9-10 所示。多用于常用电器处,如微波炉、洗衣机、镜前灯等。

图 4-9-10　带开关的插座

(3)开关插座底盒

开关插座底盒常用的 86 型和 118 型两种,如图 4-9-11 所示。

(a) 86 型

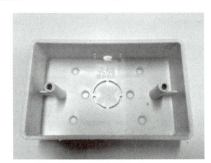
(b) 118 型

图 4-9-11　开关插座底盒

根据以上所学的知识,我们来列出一套两室一厅的房子,使用常用的家用电器,一共需要几条回路,每条回路的空气断路器的额定容量、所使用的线径,以及插座的型号。

四、开关

开关是用来隔离电源或按规定能在电路中接通或断开电流或改变电路接法的一种装置。

1. 开关的安装

① 开关安装位置要便于操作,开关边缘距门框边缘的距离为 0.15~0.2m,开关距地面高度为 1.3m。

② 相同型号并列安装,同一室内开关安装高度一致,且控制有序不错位。

2. 开关种类

在照明线路中,按开关的功能和应用分类,开关种类很多,分别有:单联开关、双联开关、多联开关、感应开关、触摸延时开关、插卡取电开关、浴霸专用开关等

(1) 单联开关

单联开关在家庭电路中是最常见的,也就是一个开关控制一个或多个电器,根据所控制电器的数量又可以分为单联单控、单联双控、单联三控、单联四控等多种形式。单联开关如图 4-9-12 所示。

(2) 双联开关

双联开关就是一个开关同时带动合、动断两个触点(即为一对)。通常用两个双联开关控制一个灯或其他电器。双联开关如图 4-9-13 所示。

图 4-9-12 单联开关

图 4-9-13 双联开关

(3) 触摸延时开关

触摸延时开关如图 4-9-14 所示,使用时轻轻点按开关按钮就可使开关接通,当松开手后开关延时 1~2min 后自动断开,其内部结构是触点延时断开电路。

(4) 人体红外感应开关

人体红外感应开关是灯具自动化控制产品,广泛应用于家庭、酒店的楼梯、走道等公共场所,做到人到灯亮、人离灯灭。芯片采用 PIR 传感器探测,感应球感应灵敏、范围广,感应范围最远 8m。当行人进入探测范围开关自动工作,当行人离开探测范围则自动延时关闭。人体红外感应开关如图 4-9-15 所示。

图 4-9-14　触摸延时开关

图 4-9-15　人体红外感应开关

　　另外,在照明线路中还会用到插卡取电开关、浴霸专用开关等专用开关,如图 4-9-16、图 4-9-17 所示。

图 4-9-16　插卡取电开关

图 4-9-17　浴霸专用开关

3. 开关的选用

① 根据用电设备电压类别:直流或交流;额定电压和最高工作电压;额定电流。

② 根据用电设备功能要求、安装方式及接地结构。

③ 根据用电设备使用环境:户内、户外及防护等级。

④ 根据建筑设计时面板样式、颜色和装饰要求。

任务 3 设计布线图

不同家庭的装修设计各有不同,家用电器的配置也不尽相同,但电气设计的基本原则是相同的。家庭装修电气设计的基本原则见表4-9-3。

表 4-9-3 家庭装修电气设计的基本原则

类别	要求	原因
布线回路设置	1. 照明、插座回路分开 2. 照明应分成几条回路	1. 回路各自独立,互不影响,便于维修 2. 家中的照明线路按不同的房间搭配分成几条回路,某一回路的照明出现故障,不会影响其他回路的照明
线型选择	插座导线最小截面积不小于2.5 mm²,照明线路最小截面积不小于1.5 mm²	不同的线径能承受的工作电流不同,根据需要合理设置
大功率电器线路安装	对于空调、电热水器、微波炉等大功率电器,宜一台设备设置一条回路	家庭大功率电器如果合用一条回路,当它们同时使用时,导线易发热,即使不超过导线允许的工作温度,长期使用也会降低导线的绝缘性能
保护措施	1. 每条回路应设置单独的接地 2. 有了良好的接地装置,仍应配置漏电开关	1. 从可靠性考虑,一条回路一根接地线更可靠 2. 进行漏电开关和接地装置双重保护,安全可靠
其他问题	非照明供电线路要另外独立穿管布线	目前住房向智能化方向发展,所以可以预先放置超五类网络线,跟电话线、闭路电视线一起走线,每个房间都要有,总线头留在进门房间门口处

图4-9-18、图4-9-19所示是某住房的照明线路布局图和插座布置图,请自行分析其中的布局方法和原则。

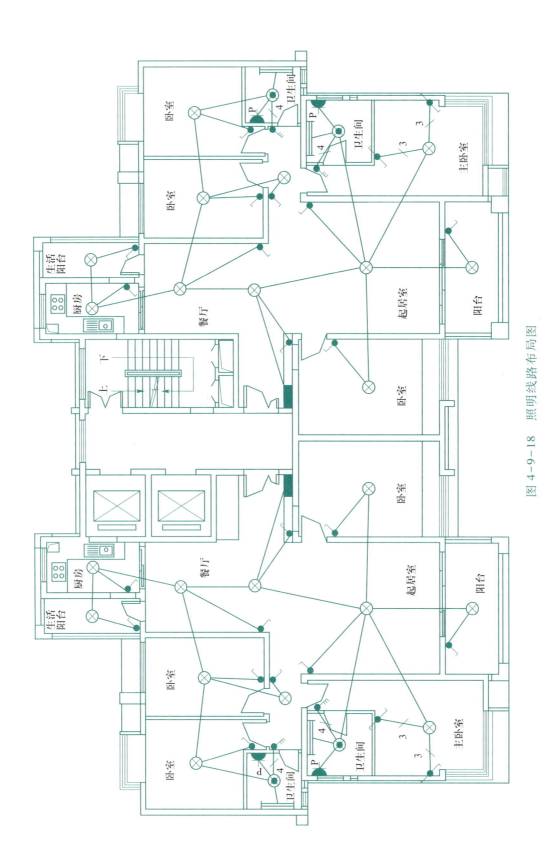

图 4-9-18 照明线路布局图

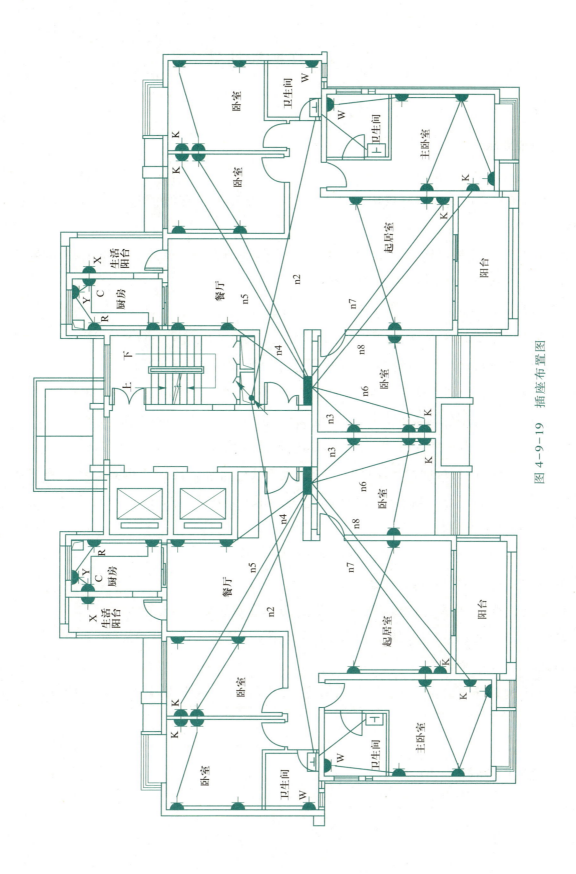

图 4-9-19　插座布置图

任务4 开槽放线管

一、布线要求

① 配电箱每户电表应根据室内用电设备的不同功率分别配线供电;大功率家电设备应独立配线安装插座。

② 配线时,相线与中性线的颜色应不同;同一住宅中相线(L)的颜色应统一,中性线(N)宜用蓝色,保护线(PE)必须用黄绿双色线。

③ 导线间和导线对地间电阻必须大于 0.5 MΩ。

④ 进线穿线管 2~3 根,从户外引入家用信息接入箱。出线穿线管从家用信息箱到各个户内信息插座。所敷设暗管(穿线管)应采用钢管或阻燃硬质聚氯乙烯管。

⑤ 直线管的管径利用率应为 50%~60%,弯管的管径利用率应为 40%~50%。

⑥ 所布线路上存在局部干扰源,且不能满足最小净距离要求时,应采用钢管。

⑦ 暗管直线敷设长度超过 30 m 时,中间应加装过线盒。

⑧ 暗管必须弯曲敷设时,其路由长度应不大于 15 m,且该段内不得有 S 弯。连续弯曲超过 2 次时,应加装过线盒。所有转弯处均用弯管器完成,为标准的转弯半径,不得采用国家明令禁止的三通四通等器件。

⑨ 暗管弯曲半径不得小于该管外径的 6~10 倍。

⑩ 在暗管孔内不得有各种线缆接头。

⑪ 电源线配线时,所用导线截面积应满足用电设备的最大输出功率。

⑫ 电线与暖气、热水、煤气管之间的平行距离不应小于 300 mm,交叉距离不应小于 100 mm。

⑬ 穿入配管导线的接头应设在接线盒内,接头搭接应牢固,涮锡并用绝缘带包缠,应均匀紧密。

二、施工过程

施工过程见表 4-9-4。

表 4-9-4　施 工 过 程

工序	图示	要求说明
1. 定位	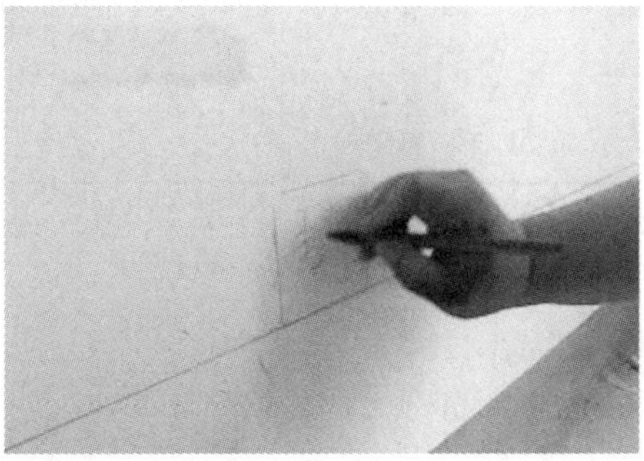	首先要根据对电的用途进行电路定位,比如,开关、插座、灯等的位置要求,然后根据要求进行定位
2. 开槽	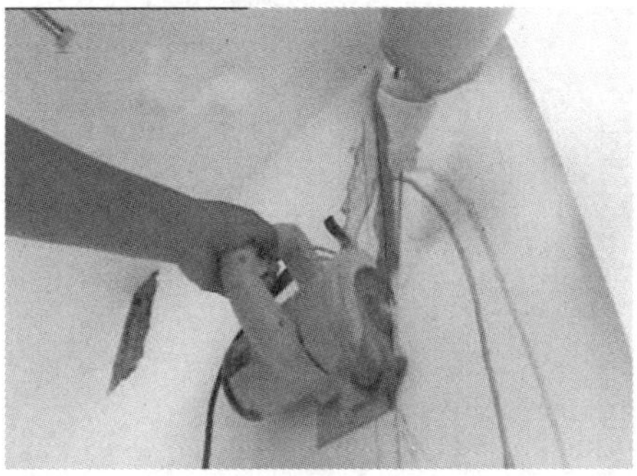	定位完成后,根据定位和电路走向,开布线槽,布线槽要横平竖直,不允许开横槽,因为会影响墙的承受力
3. 布线	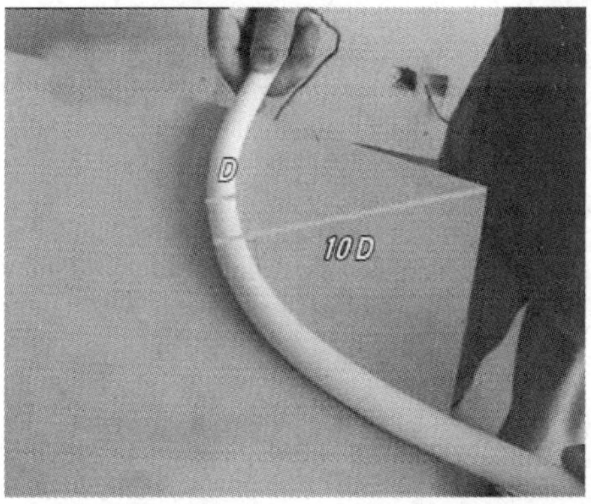	布线一般采用线管暗埋的方式。线管有冷弯管和 PVC 管两种,冷弯管可以弯曲而不断裂,是布线的最好选择,因为它的转角是有弧度的,线可以随时更换,而不用开墙
4. 弯管		冷弯管要用弯管工具,弧度应该是线管直径的 10 倍,这样才能顺利穿线或拆线

三、布线原则

布线原则见表 4-9-5。

表 4-9-5　布 线 原 则

图示	要求说明
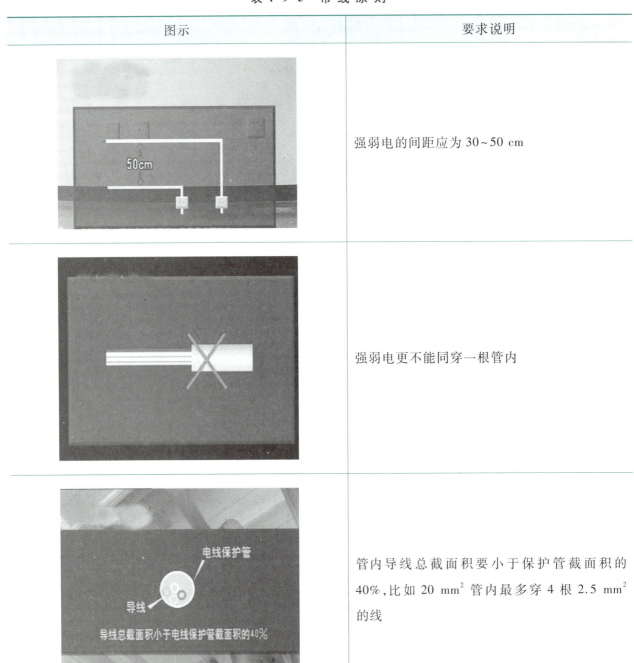	强弱电的间距应为 30~50 cm
	强弱电更不能同穿一根管内
	管内导线总截面积要小于保护管截面积的 40%,比如 20 mm^2 管内最多穿 4 根 2.5 mm^2 的线

图示	要求说明
 	长距离的线管尽量用整管
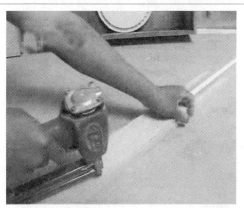	线管如果需要连接,要用接头,接头和管要用胶粘好
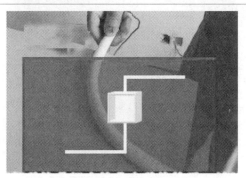	如果有线管在地面上,应立即保护起来,防止踩裂,影响以后的检修
	当布线长度超过 15 m 或中间有 3 个弯曲时,在中间应该加装一个接线盒,因为拆装电线时,太长或弯曲过多,线无法穿过穿线管

图示	要求说明
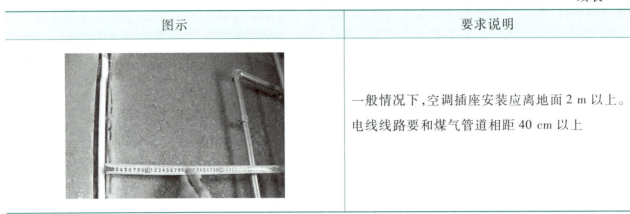	一般情况下,空调插座安装应离地面 2 m 以上。 电线线路要和煤气管道相距 40 cm 以上

四、PVC 电工套管的分类

1. 执行标准

JG3050—1998,分为 L 型(轻型)、M 型(中型)和 H 型(重型)。

2. 产品规格

分为轻型-205、中型-305、重型-405 三种。

(1)轻型-205:外径 $\phi16\sim\phi50$ mm。

(2)中型-305:外径 $\phi16\sim\phi50$ mm。

(3)重型-305:外径 $\phi16-\phi50$ mm。

五、电路施工要求(电线管材质为 PVC)

① 电线管不得破损、有毛刺。

② 如走暗线,开槽的深度及宽度不小于电线管的 1.5 倍。

③ 开槽时不得割断钢筋。

④ 如需要做防水,应先做防水。

⑤ 电管线管内电线应分色,不得破损、扭结。

⑥ 线管应固定,间距不大于 800 mm。

⑦ 线管与暗盒连接应用锁扣。

⑧ 线管之间连接应直接,并且用专用胶水。

⑨ 线管内的电线截面积之和不大于线管截面积的 40%。

⑩ 强弱电管交叉时,应做屏蔽保护。

⑪ 电线管与水管及燃气管在同一平面时其间距不小于 100 mm，在不同平面时其间距不小于50 mm。

⑫ 电器插座与燃气管间距不小于 150 mm。

⑬ 线管内电线应能抽动。

⑭ 电线管不能走直角弯或死弯，应走月亮弯。

六、开槽和弯管的常用工具——开槽机

水电开槽机能根据施工的不同需求一次性开出不同角度、宽度、深度的线槽，并且不需要其他的辅助工具，开出的线槽能满足需求，美观实用而且不会损害墙体。使用过程中不会产生粉尘，没有灰尘污染，减轻劳动强度，与传统的墙壁开槽工具相比有质的飞跃，如图 4-9-20 所示。它是旧房明线改暗线、新房装修、电话线、网线、水电线路等理想的开槽工具，如图4-9-21~图4-9-23所示。

图 4-9-20　墙体开槽

线管地、墙面开槽深度适中，以确保线管埋入内即可

图 4-9-21　线管地、墙面开槽

图 4-9-22　埋设线管及暗盒

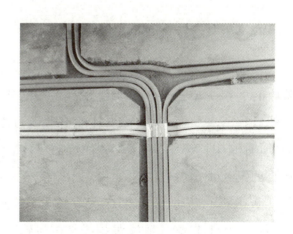

图 4-9-23　墙面交叉线管埋设

任务5 穿线、安装电气设备

所有泥水装修工作都完成以后,最后一道是电气施工的工序,即穿线、安装电气设备,如图4-9-24所示。

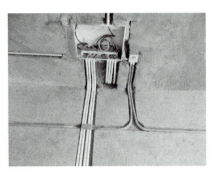

图4-9-24 穿线,安装电气设备

根据线路分布图纸所标的导线条数、大小、根数开始穿管放线。穿线时,如果管路是直的,可以直接穿过去,如果有转弯的地方,就需要用专用的穿线软管先穿过,然后带导线穿过。导线全部放置好后,根据配电开关图纸开始接线和装插座。

注意:不管是对接头还是分接头,导线绕匝数都应在7匝以上。所有接头都应在暗接线盒内,PVC管内绝对不允许有接头。

接线应整齐、规范、正确。最后应在开关箱面板上写上各开关、空气断路器的名称,即控制哪条回路。

任务6 检 测 完 工

验收时的第一步是验收照明线路。先按动开关确认每一个开关都起到控制灯具作用就可以了。然后将所有照明开关合上,让所有照明灯都亮起来,然后将总开关箱中的照明总开关断开,这时所有照明灯都应熄灭,验收完成第一步。

验收的第二步是验收插座。可用台灯先逐一插入每个插座,保证插入每个插座灯都会亮,而且空气断路器不会动作,如果灯不亮或空气断路器动作,就说明地线跟中性线、相线有错接,应重新装接。接下来测试地线跟相线是否接错,可用专业的三脚插头验电器检验,按说明试验每个插座即可。如果没有专用验电器,可以自己动手制作,用一个25 W 的灯、灯头和三脚插头,接好灯泡、灯头,将灯的两根导线接在三脚插头的地线和相线上,然后用插头去试插每一插座,这时可以看到灯的灯丝红了一下就不亮了,空气断路器跳闸。这就说明相线、地线都接对了。如果灯丝没红就跳闸说明中性线、相线都接反了。但如果灯不亮,空气断路器也不跳闸,就有可能是地线有问题,或是相线、中性线接反了,记住地线千万不可漏掉。

重新合上空气断路器,再试下一个插座,直到所有插座试验完毕,这一过程虽然烦琐,但为了安全,这些都是必要工序。

项目评价

项目评价表见表4-9-6。

表4-9-6 项目评价

序号	内容	评分标准	扣分点	得分
1	安全操作规范 (20分)	(1) 不穿绝缘鞋、不戴安全帽进入工作场地,扣2分 (2) 错误使用万用表进行故障点检测,扣1分 (3) 由于操作不当造成设备出现短路跳闸,扣2分 (4) 带电测试造成万用表损坏,扣5分 (5) 用手触摸任何金属触点,扣2分 (6) 带电操作,扣5分 (7) 当发现有重大安全隐患时可立即予以制止,并扣5分		
2	合理布局(20分)	(1) 电气元件布局不合理,每个扣5分 (2) 总体布局不合理,扣10分		
3	正确接线(30分)	(1) 每接错一根线,扣5分 (2) 导线接触不良,每根扣2分 (3) 导线颜色用错,扣2分 (4) 每漏接一条导线,扣5分		
4	故障检修(30分)	(1) 故障现象描述每错一处,扣2分 (2) 故障现象描述每空一处,扣3分 (3) 故障排除过程描述不完整,扣1分 (4) 故障排除过程描述错误,扣2分 (5) 故障点描述每错一处,扣5分 (6) 故障点描述每空一处,扣5分		
5	总评			

学校实训室配电线路设计

学校实训室配电线路设计见表4-9-7。

表4-9-7 学校实训室配电线路设计

实训室配电说明	图示
实训室供电线路在线路设计上要考虑实训实验室设备的摆放格局以及房顶照明和电扇的供电	
实训室配电箱,设置有单相、三相供电线路,并有接地、接零和漏电保护措施	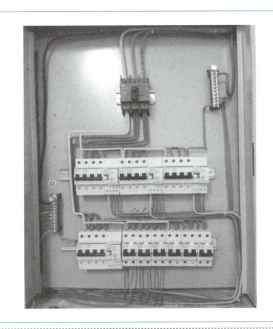

实训室配电说明	图示
实训室墙面四周配置单相、三相插座,便于为设备供电,布线方便	
采用硬板线槽布线,并注上警示语,安全可靠	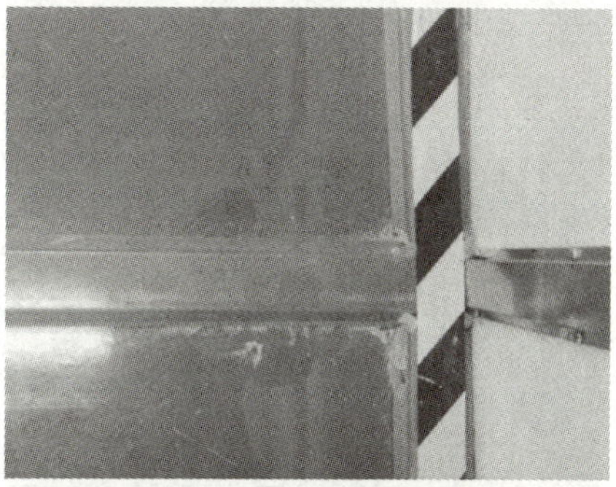 

技能拓展

企业车间配电线路设计

某企业车间配电线路如图 4-9-25、图 4-9-26 所示。

企业车间配电线路设计的任务是从电力系统取得电源,经过合理的传输、变换、分配到工厂车间中每一个用电设备上。随着工业电气自动化技术的发展,工厂用电量快速增长,对电能质量、供电可靠性以及技术经济指标等的要求也日益提高,供电设计是否完善,与企业的经济效益、设备和人身安全等密切相关。

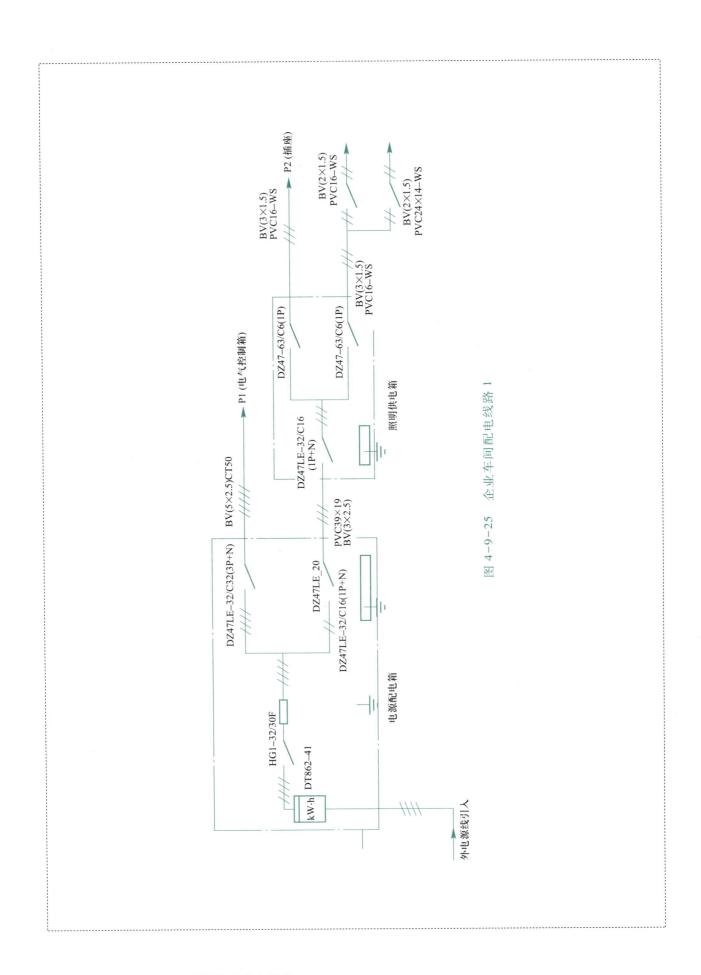

图 4-9-25 企业车间配电线路 1

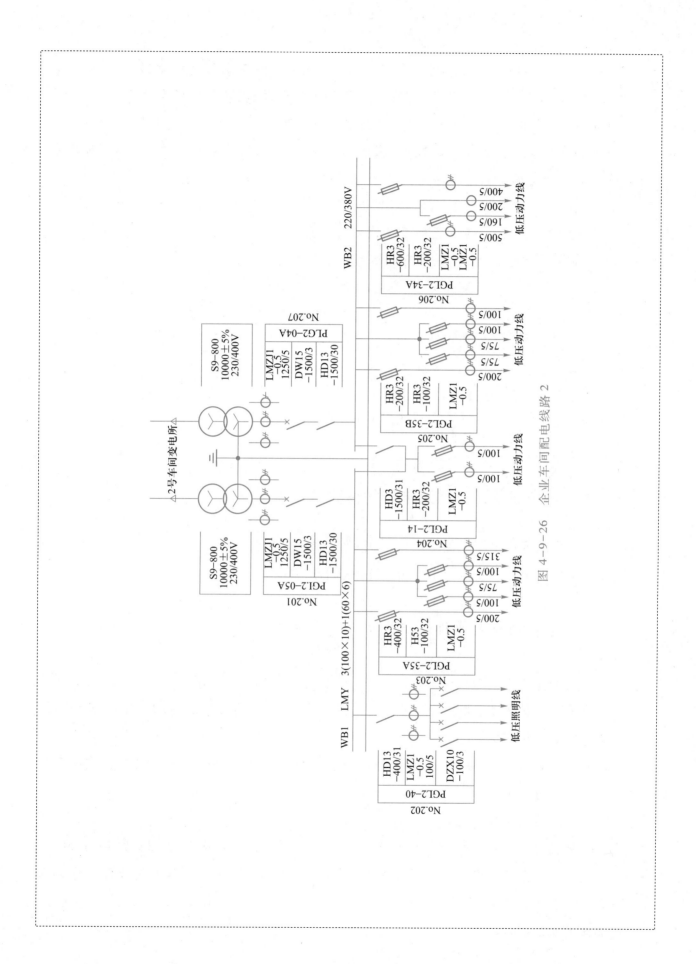

图 4-9-26 企业车间配电线路 2

企业车间配电线路设计的主要内容包括：车间的负荷计算及无功补偿，确定车间变电所的所址和类型，车间变电所的主纬线方案，短路电流计算，主要用电设备选择和校验，车间变电所整定继电保护和防雷保护及接地装置的设计等。

企业车间配电线路设计必须遵循国家的各项方针政策，设计方案必须符合国家标准中的有关规定，同时必须满足以下 4 项基本要求：

① 安全　在电能的供应、分配和使用中，不应发生人身事故和设备事故。

② 可靠　应满足供电可靠性的要求。

③ 优质　应满足用户对电压和频率等质量的要求。

④ 经济　供电系统的投资要少，运行费用低，并尽可能节约电能和减少有色金属消耗量。

项目总结

一、家庭用电设备工作额定电流的估算方法

1. 有电动机的家用电器类用电电流 =（电动电器总千瓦数）/0.8×4.5 A

2. 无电动机的电热设备类用电电流 = 设备总千瓦数×4.5 A

二、家庭装修线材及器件的选择

1. 铜导线的安全载流量

一般铜导线的安全载流量是根据所允许的线芯最高温度、冷却条件、敷设条件来确定的。

2. 铜导线截面积的选择

家庭电线规格的选用，应根据家用电器的总功率来计算，再根据不同电线规格的最大载流能力来选择合适的电线。

3. 空气断路器的选择

空气断路器规格主要以额定电流区分，有 6 A、10 A、16 A、20 A、25 A、32 A、40 A、50 A、63 A、80 A、100 A 等；家庭装修时根据估算的分支电流和总电流，就可以选择分支空气断路器及总闸空气断路器的规格。

4. 插座的安装与选择

电源插座底边距地宜为 300 mm,挂壁空调插座的高度宜为 1 900 mm。油烟机插座高宜为 2 100 mm,厨房插座高宜为 950 mm,洗衣机插座高度宜为 1 200 mm。电视机插座高度宜为 650 mm。

插座有二孔、三孔两种,其中三孔插座有 10 A 和 16 A 之分。家中常用的插座都是普通的 10 A 插座。空调或其他大功率电器(如电热水器)要用 16 A 的三孔插座。

三、家庭装修电气设计布线原则和施工过程

施工过程:定位→开槽→布线→弯管。

布线原则要点:

1. 如走暗线,开槽的深度及宽度不小于电线管的 1.5 倍。

2. 线管应固定,间距不大于 800 mm。

3. 线管之间连接应直接,并且用专用胶水。

4. 线管内的电线截面积之和不大于线管截面积的 40%。

5. 电源插座与弱电系统信息口水平间距不小于 150 mm。

6. 电线管与水管及燃气管同一平面时间距不小于 100 mm,不同平面时间距不小于 50 mm。

复习与思考

一、填空题

1. 家庭用电设备一般分两种:一种是_____,如电冰箱、空调器、洗衣机、电风扇、吸尘器等,这些电动机的功率因数为_____。另一种是_____,如电饭煲、电炒锅、烤箱等,功率因数可视为_____。

2. 一般铜导线的安全载流量根据_____、_____、_____来确定。

3. 电线规格的选用:家庭装修中,一般来说,照明用线选用_____,插座用线选用_____,空调用线不得小于_____,可选用_____铜导线,接负线(中性线/地线)选用_____线。

4. 三孔插座有 10A 和 16A 之分,10A 的三孔插座主要用于_____,16A 的三孔插座主要用于_____。

5. 开关是用来_____或按规定能在电路中_____电流或改变电路接法的一种装置，开关安装位置要便于操作，一般开关边缘距门框边缘的距离为_____m，开关距地面高度为_____m。

6. 企业车间配电线路设计必须符合国家标准中的有关规定，同时必须满足_____、_____、_____和经济 4 项基本要求。

二、判断题

1. 暗管直线敷设长度超过 50 m，中间应加装过线盒。 （　　）

2. 导线间和导线对地间电阻必须大于 0.5 MΩ。 （　　）

3. 布线时强弱电可以同穿一根管内。 （　　）

4. 一般情况下，空调插座安装应离地 2 m 以上。 （　　）

5. 电路施工时如走暗线，开槽的深度及宽度应不小于电线管的 1.5 倍。 （　　）

6. 冷弯管要用弯管工具，弧度应该是线管直径的 5 倍。 （　　）

7. 电路施工时线管之间连接应用直接，并且用专用胶水。 （　　）

8. 所布线路上存在局部干扰源，且不能满足最小净距离要求时，应采用钢管。 （　　）

三、简答题

1. 如何正确选配家庭室内用的电线？

2. 简述家庭装修布线的施工过程。

3. 布线时要遵循哪些原则？

4. 如何根据用电设备选用开关？

四、实践题

1. 根据自己家庭的要求，通过查看家用电器的铭牌或产品说明书，完成表 4-9-8 要求填写的内容。

表 4-9-8　家用电器统计

家电名称	额定功率	额定电流	备注
空调			

家电名称	额定功率	额定电流	备注

2. 一套两室一厅的房子,如果使用常用的家用电器,请你列出一共需要几条回路,每条回路的空气断路器的额定容量、所使用的线径,以及插座的型号,完成表4-9-9。

表 4-9-9 家庭回路电流测算

回路编号	回路电流	断路器规格	插座型号

3. 查找阅读课外资料,家庭装修电气设计还有哪些内容?

[1] 陈雅萍.电工技能与实训——项目式教学[M].北京:高等教育出版社,2009.

[2] 曾祥富,邓朝平.电工技能与实训[M].3 版.北京:高等教育出版社,2011.

[3] 鹿学俊,尚川川.照明线路安装与检修[M].2 版.北京:高等教育出版社,2020.

[4] 杜异.照明系统设计[M].北京:中国建筑工业出版社,1999.

[5] 郭福雁,黄民德.电气照明[M].天津:天津大学出版社,2011.

[6] 赵福忠.照明线路安装及室内布线[M].北京:中国劳动社会保障出版社,2013.

[7] 陈圣鑫.照明线路安装与检修[M].北京:电子工业出版社,2013.

[8] 赵国梁.室内照明线路与装置安装基本技能[M].北京:中国劳动社会保障出版社,2014.

[9] 闫和平.电气照明与电气线路[M].北京:化学工业出版社,2010.

郑重声明

高等教育出版社依法对本书享有专有出版权。任何未经许可的复制、销售行为均违反《中华人民共和国著作权法》,其行为人将承担相应的民事责任和行政责任;构成犯罪的,将被依法追究刑事责任。为了维护市场秩序,保护读者的合法权益,避免读者误用盗版书造成不良后果,我社将配合行政执法部门和司法机关对违法犯罪的单位和个人进行严厉打击。社会各界人士如发现上述侵权行为,希望及时举报,本社将奖励举报有功人员。

反盗版举报电话　(010)58581999　58582371　58582488

反盗版举报传真　(010)82086060

反盗版举报邮箱　dd@hep.com.cn

通信地址　北京市西城区德外大街4号

　　　　　高等教育出版社法律事务与版权管理部

邮政编码　100120

防伪查询说明

用户购书后刮开封底防伪涂层,利用手机微信等软件扫描二维码,会跳转至防伪查询网页,获得所购图书详细信息。也可将防伪二维码下的20位密码按从左到右、从上到下的顺序发送短信至106695881280,免费查询所购图书真伪。

反盗版短信举报

编辑短信"JB,图书名称,出版社,购买地点"发送至10669588128

防伪客服电话

(010)58582300

学习卡账号使用说明

一、注册/登录

访问 http://abook.hep.com.cn/sve,点击"注册",在注册页面输入用户名、密码及常用的邮箱进行注册。已注册的用户直接输入用户名和密码登录即可进入"我的课程"页面。

二、课程绑定

点击"我的课程"页面右上方"绑定课程",正确输入教材封底防伪标签上的20位密码,点击"确定"完成课程绑定。

三、访问课程

在"正在学习"列表中选择已绑定的课程,点击"进入课程"即可浏览或下载与本书配套的课程资源。刚绑定的课程请在"申请学习"列表中选择相应课程并点击"进入课程"。

如有账号问题,请发邮件至:4a_admin_zz@pub.hep.cn。